中国水利水电科学研究院研究生培养基金资助出版

调水工程管道系统泄漏检测的全频域法

郭新蕾　著

黄河水利出版社

·郑州·

内 容 提 要

　　管道泄漏检测是目前国际水利工程领域的一个热门研究课题。本书综合近期该领域的最新研究进展，系统地介绍了基于水力瞬变全频域分析的调水工程管道泄漏检测方法及典型的检验算例和试验实例，研究工作涉及水力瞬变、泄漏检测理论、模型试验和滤波技术等。

　　本书可供水利水电、管道工程、输水规划和设计等专业的工程技术人员阅读，亦可供大专院校相关专业的师生参考。

图书在版编目(CIP)数据

调水工程管道系统泄漏检测的全频域法/郭新蕾著.
郑州:黄河水利出版社,2010.6
ISBN 978－7－80734－829－0

Ⅰ.①调…　Ⅱ.①郭…　Ⅲ.①调水工程－管道－检漏(管道)　Ⅳ.①TV682

中国版本图书馆 CIP 数据核字(2010)第 091239 号

组稿编辑:马广州　电话:0371－66023343　E-mail:magz@yahoo.com

出　版　社:黄河水利出版社
　　　　　地址:河南省郑州市顺河路黄委会综合楼 14 层　　　邮政编码:450003
发行单位:黄河水利出版社
　　　　　发行部电话:0371－66026940、66020550、66028024、66022620(传真)
　　　　　E-mail:hhslcbs@126.com
承印单位:河南省瑞光印务股份有限公司
开本:787 mm×1 092 mm　1/16
印张:8.75
字数:202 千字　　　　　　　　　　　　印数:1—1 000
版次:2010 年 6 月第 1 版　　　　　　　印次:2010 年 6 月第 1 次印刷

定价:25.00 元

前　言

管道输水是一种常见的调水工程输水方式,由于管道老化、断裂、腐蚀、磨损等原因,泄漏在所难免。管道的泄漏常伴随着巨大的资源浪费和严重的环境污染,因此研究和解决流体输送管道泄漏检测与定位方法的理论问题及实现技术,不但对于输水管线的安全运行及管理具有重要意义,而且具有关乎国计民生的社会现实意义。随着调水工程自动化、信息化程度的提高,调水工程泄漏检测越来越受到重视。

本书综合近期该领域的最新研究进展,以调水工程管道系统为背景,系统地研究了基于水力瞬变分析的泄漏检测方法,重点研究了全频域法,主要工作涉及水力瞬变、泄漏检测理论、模型试验和滤波技术等,并着力解决了目前在实际调水工程中应用瞬变时域、频域法检测泄漏所存在的一些问题,通过大量数值模拟和物理模型试验对提出的方法进行了验证和应用。本书的主要研究工作和取得的成果如下:

(1)综述目前泄漏检测方法的研究进展,指出国际研究热点以及在调水工程领域存在的主要问题。

(2)基于水力瞬变分析的管道泄漏检测首先需要准确模拟管道的非恒定流。研究了当前几类非恒定摩阻模型,分析各类模型的优缺点,通过算例验证表明与瞬时加速度有关的 IAB 模型能够模拟出整个时间段上压力波的幅值衰减和畸变,并给出该模型的离散网格和特征线插值解法。

(3)瞬变检测法必须产生激励信号,利用阀门迅速全关或全开产生流量脉冲或等幅正弦周期扰动、方波扰动在设计、运行中不容许。本书检测法的下游阀门激励方式是靠阀门小开度位置的快速关闭产生。基于此激励方式和 IAB 模型,分析了不同泄漏参数对瞬变水击波的影响,建立泄漏的瞬变反问题分析模型并给出求解方法。

(4)针对调水工程长距离管道输水系统的特点,建立了适合各种边界条件的管道水击频域数学模型,并应用拉氏变换原理导出了实测离散函数,如阀门流量、管道测点水压的频域数学模型。该模型完全在频域内分析,不需要涉及微分方程,求解时只需要进行复数的代数运算。在此基础上,提出基于水力瞬变全频域数学模型的泄漏检测反问题分析方法,称为管道泄漏检测的全频域法。通过大量的数值模拟和与时域特征线法的对比研究表明,基于水力瞬变全频域数学模型分析的管道泄漏检测是一种有效的新方法。

（5）设计泄漏检测的物理模型进行试验研究。对管道系统特性进行辨识，分析测量信号中的噪声来源，在对比研究传统小波去噪、改进神经网络去噪、最小二乘拟合去噪等方法的基础上，提出了信号预滤波结合阈值自学习小波去噪的综合滤波方法。对部分瞬变工况实测数据进行泄漏时域、全频域模型的验证，验证结果良好，并对频域模型的辨识结果进行分析。

（6）研究了上游动水位边界条件下的全频域数学模型及该模型的抗噪性，提出在泄漏反问题求解过程中仅选取特定的频率范围，将有较大影响的频率（扰动频率）去掉，来实现泄漏辨识模型的求解。最后对泄漏瞬变检测时域、频域法的性能进行了分析研究。

本书研究工作自始至终是在恩师杨开林教授的悉心指导和严格要求下完成的，同时也得益于国家自然科学基金（50679085）以及国家社会公益专项基金（126301041003）、中国水利水电科学研究院专项基金（水集05KY01）的大力支持。在此，谨向提供上述基金资助的单位表示衷心的感谢。

在本书研究工作期间，水力控制研究室的谢省宗教授、董兴林教授始终给予热情的支持与指导，并提出了许多宝贵意见，在此表示衷心感谢。在模型试验的安装及调试过程中，郭永鑫工程师给予了极大的支持，在此表示感谢。作者还得到了陈文学高级工程师、王涛工程师、乔青松博士、崔巍博士、付辉工程师、余闽敏工程师、夏庆福高级工程师以及同班同学肖伟华博士、赵海镜博士等热情无私的帮助，在此一并表示衷心的感谢。

由于作者水平有限，书中疏漏之处在所难免，敬请广大读者指正。

作 者
2010 年 2 月

目 录

第1章　绪　论

1.1　课题的提出及研究意义

我国水资源时空分布变化大,人均占有量小,紧缺形势日益加剧,据统计,我国水资源人均占有量不足 2 200 m³,不到世界人均水资源占有量的 1/3(吴基胜、葛成茂,1997)。北方地区只有 990 m³,不到世界人均值的 1/8。全国 660 多个城市有 400 多个存在不同程度的缺水问题,其中严重缺水的城市 114 个,日缺水 1 600 万 m³,每年因缺水造成的直接经济损失达 2 000 亿元。根据水利部《21 世纪中国水供求》分析(张国良,1999),2010年我国工业、农业、生活及生态环境总需求水量在中等干旱年为 6 988 亿 m³,缺水 318 亿m³,据预测,2030 年全国缺水 4 000 亿 m³ 左右。这表明,从 2010 年我国将开始进入严重缺水期,水资源的短缺问题也成为制约我国区域发展的重要因素之一。目前我国正在大规模修建调水工程,以解决部分城市和生态缺水问题。

管道输水是一种常见的调水工程输水方式,输水管道一般具有线路长、直径大的特点,埋深一般 2 ~ 3 m。例如,南水北调北京段(杨开林、石维新,2003)采用 80 km 管涵输水,管道直径 4 m,最大流量 60 m³/s,埋深 2 ~ 10 m。内蒙古锡林郭勒盟为了开发当地煤炭资源和恢复生态环境,正在规划的引渤济锡海水西送工程(杨开林等,2007)线路总长617 km,其中玻璃钢管管道线路长 305 km 以上,管道直径 3.2 m,加大流量为 13.3 m³/s。

管道输送方式在输水方面具有特殊的优势,它具有输送平稳连续、安全可靠、水质易保证、占地面积少、运输费用低等特点,所以目前作为与公路、铁路、航空、水运并驾齐驱的五大运输行业之一,在国民经济发展中发挥着重要的作用(冯健,2005)。

管道泄漏是一种常见的事故。即使管道在铺设时达到了设计质量标准,但由于老化、断裂、腐蚀、磨损等原因,泄漏在所难免。据统计报告(Witness et al,2001),美国相对新的城市管网泄漏损失一般在 25%,英国泄漏损失在 30% ~ 40%。在我国,大部分城市水的漏失率都在 20% 以上,一些供水管网中水量净漏失率达到 14%,远远超过了国家要求控制在 6% 以下的标准。如果我国可以将漏失率减少到国际水平,一年至少可以节约近千亿立方米的水资源,相当于一个南水北调工程所能提供的水量(文静,2007)。所以,管道系统一旦发生泄漏,除了会影响正常的生产外,还会因流体流失直接造成巨大的经济损失,以及对环境产生污染等后果,特别是当输送液体有较强腐蚀作用时,如海水等。以南水北调中线北京段为例,如果泄漏量为 1%,则一天的泄漏量达到 5 万 m³,即使水费按 2元计算,每天的经济损失也达 10 万元。随着调水工程自动化、信息化程度的提高,调水工程泄漏检测越来越受到重视。如正在修建的引黄入晋工程、引滦入津改造工程等在设计阶段就对泄漏的自动化监测提出了要求。

不仅在调水工程输水方面,随着西部和海上油气田资源的开发,特别是西气东输、中俄和中哈等大型管道工程的启动,管道油气运输优势更得到充分体现。西气东输管道将通过以计算机为核心的监控系统实现全线操作参数采集、管道泄漏检测和定位、全线运行调度等,其自动化系统的整体水平将达到国际先进监控水平(杨开林、石维新,2003;潘家华,2003)。

综上所述,由于管道泄漏常伴随着巨大的资源浪费和严重的环境污染(Colombo et al,2002;Brunone et al,2004),因此研究和解决流体输送管道泄漏检测及定位方法的理论问题与实现技术,不仅对于水及油气输送管线的安全运行与管理具有重要意义,而且具有关乎国计民生的社会现实意义。

1.2　管道泄漏检测技术综述

管道泄漏检测技术较早研究的是输油管道。国外输油管道管理先进的国家,如美国、英国、法国等,自20世纪70年代以来,就在许多油气管道中安装了泄漏检测系统,效果显著。我国在20世纪90年代以来,数家单位相继开展了流体管道泄漏检测的研究工作,对流体的性质、流体的流动、传热及过程控制系统进行了研究(王占山等,2003)。虽然对管道泄漏检测和定位方法的研究已有几十年的历史,但由于管道输送介质的多样性、管道所处环境的多样性、泄漏形式的多样性及检测的复杂性,使得目前没有一种简单可靠、通用的方法解决管道泄漏检测和定位问题。国内总的来说,管道实时监测技术目前处于从国外引进吸收、研究开发的阶段,但就国内已有的技术能力,还没有一个长期运行的、集泄漏检测与定位为一体的管道监控系统。利用综合监测方法可以解决实时监测和泄漏报警问题,但是对微小缓慢泄漏的检测仍然没能很好地解决。

目前,国际已有的管道泄漏检测与定位方法大体上可分为两大类:直接检测法和间接检测法(陈华敏等,2003)。前者可以是沿管线巡查(Weimer,1992),或者沿管线安装对碳氢化合物敏感的光纤或绝缘电缆传感器,利用这些传感器直接感应泄漏液体或气体(Martin,1993;Modisette,1995;Rapaport,1992),泄漏检测系统马上进行报警。此法需预先在管道周围埋设大量传感器和传输装置,费用较高,只能对已经泄漏的地点进行报警。后者常用计算机对管道进行监测,然后利用各种仪表、数据采集系统检测管内流体参数比如压力、流量和温度等作为计算分析方法的已知输入,根据泄漏引起的流量、压力等物理参数发生的变化,通过计算机仿真计算判断管道是否发生泄漏(王占山等,2003)。也就是说,此类方法是充分依靠计算机并利用控制理论、信号处理或某种运算策略,利用泄漏所引起的传输质在管道内或管壁上产生的信息进行泄漏检测和定位。

1.2.1　直接检测法

直接检测法主要包括人工在线观察或巡查法、声学方法、物理化学方法、光纤检漏法等,其主要特征是借助生物视觉或各种特殊传感装置直接感知管道泄漏的存在。

1.2.1.1　人工在线观察或巡查法

对一定的供水区域来说,一个较好的表征管道泄漏的方法是观察其夜间用水量的变化大小,Campbell等(1970)就曾通过比较昼夜间水量差别来推测是否发生泄漏。Cole

(1979)还曾给出一个相对量化的标准,即当夜间用水量与白天用水量的比值小于30%时,区域管网不太可能发生泄漏,如果比值大于50%,那么就发生了泄漏,由此可见该法主观性太强。人工巡查即通过富有经验的人员沿管线逐段巡逻,通过视觉观察看是否存在泄漏,该法直观但费时费力,且对于海底、沙漠或埋地管线无法实施。这类方法已经过时,某些仅能在特定场合应用。

1.2.1.2　声学方法

声学检测法利用声音传感器来检测泄漏,当管道发生泄漏时,从泄漏孔流出流体时会发出低频稀薄的声波(Ellul,1989;龚斌等,2007;李善春等,2007),声波向管道两端传播,利用外部的传感器检测和记录该信号,分析信号根据时间的相关性和检测响应位置确定泄漏。该法由 Fuchs 等(1991)提出,随后 Miller 等(1999)通过分析检测数据,建立了管道基准声音图谱,并给出了参考标准。如果声音信号较大的偏离了管道基准声学图谱,则发出泄漏报警信息。该法须沿管线每隔一段固定距离安装,距离泄漏点越近,检测声音信号越强,定位效果越好。声学检测法的优点是受测量环境温度影响较小,不像其他压力方法因波速会随着温度衰减造成误差增大(Rocha,1988),不足是泄漏声信号易与人为或环境噪声相混淆(Brodetsky et al,1993),且它不能检测同时发生的多点泄漏。

1.2.1.3　物理化学方法

该法将一种能与油气进行某种反应的电缆沿管道铺设,泄漏发生时泄漏油气与电缆发生反应,改变电缆的特征阻抗并将此信号传回检测中心。电缆既是传感器又是信号传输设备,利用阻抗、电阻率、长度之间的物理关系确定泄漏位置及大小(夏海波等,2001)。日本20世纪80年代开发的同轴电缆法也类似这种原理,电缆接触泄漏化合物的部分也导致电缆中能量脉冲的传输阻抗发生变化。管道正常运行时,电缆传输阻抗特性图谱将会预先存储,泄漏时,电缆会浸泡在泄漏流质中,从而使传输阻抗发生变化,通过与正常图谱对比发出报警信息。基于物理化学方法的泄漏检测法的优点是检测准确性和定位精度较高,缺点则是设备投资较大,运行费用较高,此外,信号电缆一旦发生故障,泄漏检测就没法保证。

1.2.1.4　光纤检漏法

利用地下或附着于管道壁的光纤传感器,当输送管道发生泄漏时所产生的泄漏噪声会对泄漏点处的光纤发生扰动,导致传输光波相位发生变化,两束光相位差的大小与泄漏点位置、泄漏噪声引起光波相位变化速率成比例,由此可实现对泄漏点进行定位,该法一般用于气体泄漏检测,它能够避免普通传感器带来的信号传输衰减、电磁干扰,以及仪器供电、维护等问题,同时不需要布置得很密集,成本较低。

1.2.2　间接检测法

间接检测法利用计算机技术对管道水力学、热力学特征参数(如压力、流量、温度等)进行采集、处理,再利用仿真软件计算进行泄漏的检测,该类方法可归结于基于传感器、数据采集系统、仿真软件为一体的检测方法。它主要包括压力波法、压力梯度法、质量或流量平衡法、管道实时模型法等。

1.2.2.1 压力波法

当管道上某处突然泄漏时,泄漏点处的流体因边界条件突然改变,将产生瞬态压力降,该压力波(也叫负压波)以一定速度分别向上、下游传播,压力波衰减速度较缓慢,传播主要受流体黏性、可压缩性、流速等物理性质的影响,当上、下游压力传感器捕捉到特定的瞬态压力波形就可以进行泄漏判断。如果能够准确确定上、下游端压力及接收到信号的时间差,那么根据压力波的传播速度就可以检测出泄漏点的位置。根据这一原理,利用相关分析法和小波变换法进行泄漏的检测与定位,该方法需要在沿线设置能连续测量压力、流量、温度的检测点,记录并远传到主控室,而且对传感器精度、传输电路、计算机及配套仿真软件要求很高,其定位精度的关键是精确估计波峰到达时间。由于一般负压波的传播速度较快,所以该法比较适用于大泄漏量的快速检测,较小的泄漏一般耗时较长且不易检测。

1.2.2.2 压力梯度法

压力梯度法基于管道压力沿管道是线性变化的前提下来进行泄漏检测和定位的(王立宁,1998)。当发生泄漏时,泄漏点前的流量变大,坡降变陡,泄漏点后流量变小,坡降变平,沿线的压力梯度成折线型,交点即为泄漏点,管道上下端的压力梯度在泄漏点处有相同的边界条件,据此可计算出泄漏位置。压力梯度法根据管道上下段的压力梯度信号构成时间序列,该时间序列的统计特性对泄漏量敏感,采用相关分析法对该时间序列进行分析,就可进行泄漏检测。不过由于地形环境、生产的需要和管道支线的增多,使得管道布线结构复杂,或由于泵、阀等操作条件的改变,在无泄漏情况下也可能出现压力梯度曲线异常而产生误报警现象。对于长距离输送管道,由于需要布置较多压力传感器而且还需要有信号同步传输设备,整套检测系统耗资也较大。

1.2.2.3 质量或流量平衡法

质量或流量平衡法是根据质量平衡原理,基于管道出入口的流量是否相等来判断泄漏(Liou,1993、1994、1996)。在一段时间间隔内,流入管道的流质体积一般并不等于管道内流质的测量体积,二者的差值取决于流入、流出流量的不确定性(Dennis,1981)。Zhang(1995、1997、2001)提出用统计分析实时测量数据的方法进行气体和液体管道泄漏实时探测与定位,通过比较正常工况时输入输出流量、压力时程关系,用序贯似然比方法(SPRT)检验泄漏发生的假设是否成立,基于最小二乘估计进行泄漏定位。壳牌(Shell)公司基于此技术研制了一套管道检测系统,采用对管道流量和压力测量值的统计分析技术检验流量与压力之间的关系,当泄漏引起压力和流量变化时,二者间的关系便呈现出一种特殊图形,进而发出报警信息。与实时模型不同的是,这种统计方法不采用数学模型估算管道中流体的流量和压力,而是采用测量数据的统计信息监测流量和压力之间的关系变化,由于实际所测流量与流体的温度、压力、密度等性质及流体的状态有关,使得流量法对任一扰动或管道本身动力学变化都非常敏感,易造成误检。

1.2.2.4 管道实时模型法

实时模型法(Abdulrahman,1995)利用流体的质量、动量、能量守恒方程等建立管内流体动态模型,此模型与实际管道同步执行,定时采集管道上的一组实际值,如管道首末端的压力和流量,应用这些测量值,由模型观测管道中流体的压力和流量值,然后将这些观测值与实测值(常设一定的阈值参数)作比较,若二者不一致,则说明管道发生了泄漏。该法的检测精度依赖于模型和硬件的精度,且泄漏点的定位机理大都是基于压力梯度法。瞬变检测法(杨开林,1996;白莉等,2005)也属于实时模型法的一种,是正在发展的一种检测技术,是目前管道泄漏检测准确性、可靠性较高的一种方法。因为在瞬变条件下,即使微小的泄漏,管道的水压波形也存在着明显差别,与其他方法相比,如压力梯度法、负压波法等,这一特点可以更好地确定泄漏发生位置。它一般由两部分组成:①监控微机及计算机仿真软件;②测量管道中瞬时流量、压力、温度的传感器及将检测数据传输到监控微机的通信设备。在首站和末站进出管道上设置流量、压力、温度传感器,同时在两站之间设置若干压力和温度传感器,以提高泄漏检测的准确性、灵敏度及精度。将首站、末站及管道中检测点的压力、温度等参数传输到装有在线仿真软件的中心计算机,通过中心计算机计算出瞬变过程的数据输出后,供管理人员进行分析和处理。

1.3 管道泄漏检测的国内外研究现状及问题分析

1.3.1 国内研究现状

近年来,国内对于长输管道的泄漏检测技术研究涉及了上述的主要检测方法,不过研究重点仍集中在负压波法检测领域。负压波法原理简单,可迅速检测出 10% ~20% 以上的突发性大量泄漏,在快速诊断中占有较重要的地位。

清华大学的叶昊等(2002)利用负压波法,基于信号处理对输油管线进行了泄漏检测。通过分析管道两端由负压波产生的压力信号判断泄漏的发生,根据压力突降点出现的时间差进行泄漏点定位。为了滤去压力信号和流量信号中的噪声和其他工况扰动成分,采用小波分析方法处理信号,后来该研究组研制的定位系统对 32 km 的管道进行了在线检测,最小检测泄漏量为 5 m^3/s,漏点定位精度为全管长的 2% 左右。王桂增等(1990)提出基于 Kullback 信息测度的管线泄漏检测方法并开发了压力点法输油管道泄漏实时监测系统,根据管道进出口附近布置的四点压力测量序列进行时间序列分析,通过分析试验水管管道进出口压力梯度的时间序列能够探测到 5% 的泄漏,之后又提出对观测序列采用小波除噪技术,以识别泄漏导致的瞬态负压波形。类似地,李剑平等(2006)基于负压波和小波分析将检测应用到山西引黄工程中。张星臣等(2004)基于信号处理,结合小波变换和相关分析二者的优点,提出了小波相关分析法,实际应用中提高了管道泄漏检测的稳定性、灵敏性和准确性。邓鸿英等(2003)基于负压波法并结合定位结构模式识别系统对管道泄漏检测进行了研究,对负压波波形进行分段处理,即在不同的波形段内选用不同的基元形式形成波形结构模式,再与标准负压波模式库进行匹配,从而判断是否有泄漏发生。这种方法克服了用常规数学模型描述泄漏由于内外未知因素多造成误报警率高的弊病,对信号的准确性要求也低得多,缺点是目前还没有比较好的选取基元与描述基元的方法。王立宁等(1998、2000)首次提出了一种考虑沿程温降及对压力波速影响改进的泄漏点压力梯度定位公式,并基于波形的结构模式识别技术,采用小波变换捕捉瞬态压力波传播到管道两端的波形拐点形成热输原油管道泄漏监测的瞬态负压波法。夏海波、张来斌等（2003）研制了一种基于负压波技术的双扭环泄漏检测仪，之后进一步讨论了利用双扭环不间断采集和 GPS 时间同步技术进行液体管道小泄漏检测的改进方法。朱晓星等（2005）基于负压波法，应用仿射变换的方法，对瞬态压力曲线进行变换和分析，提取瞬态压力曲线上的关键特征量，能够较准确地检测出负压波下降的始点，算法较为简单。唐秀家等研究了管道泄漏引发应力波在管壁中的传播机理，引入神经网络理论，通过对管道泄漏应力波和正常管道信号的自学习、自联想建立对管道故障的自判断能力，同时管道泄漏检测系统也能根据环境变化和误报警纠正后，自动更新网络参数以适应复杂管网现场。类似地，文静等（2004、2006）、路炜等（2007）把泄漏时管壁的振动声信号作为检测信号，根据泄漏声波到达安装在管道上的两个传感器的时间差来估计泄漏位置，定位公式也类似于负压波法，并根据检测信号特性，提出相应的自适应时延估计方法和周期非均匀采样的重构方法，用于提高检测性能，近期该小组又采用盲系统辨识方法（2007）估计泄漏信号传播信道响应函数，从中提取源信号从漏点传播到采集点的时间信息，不依赖泄漏声信号传播速度定位漏点。王潜龙等（2003）和张建利等（2007）也采用声信号分析，前者结合小波包理论对泄漏点进行定位，后者利用傅立叶变换的相关分析算法实现泄漏检测。陈仁文等（2005、2007）将人为打孔盗油看成是对管道施加了冲击激励，激励引起管道产生应力波在管壁中传播，此信号波形的奇异性和噪声的奇异性存在明显差别，利用小波理论对该信号进行分析处理，有效地去除了信号中的随机噪声。陈华立等（2005）针对现有的基于负压波的检测和定位方法当中存在着容易误报和漏报的缺点，研究了一种基于图像处理的方法。将负压波中的压力数值转化为图像灰度值，将压力曲线上的负压波起始点定位等价为图像处理中的边缘检测。经过近似灰度拉伸变换后，压力下降更为凸显，便于突变点的定位，该法对基于负压波检测和定位方法中的小波分析法与相关分析法引起的漏报问题有一定的改善。蔡正敏等（2002）基于质量守恒原理，对管道进出口流量差进行监测，将统计检验中的序贯概率比检验法应用到泄漏检测中，引入泄漏识别因子，有效地将非泄漏因素引起的管道流体流动特性变化与泄漏引起的特性变化区分开来。但在泄漏定位上需要修正计算公式，这样无疑降低定位的准确度。郭亚军等（2003）在分析负压波形成及传播特性理论基础上，提出了基于 3 个传感器的相关定位算法，以减少传统 2 个传感器检测中传播速度误差和距离误差对精确定位带来的影响，能够提高泄漏点定位的精度。冯健、张化光等（2003、2004）设计出了一种新型的基于非线性观测器的连续小波变换故障检测方法，该观测器具有通用的逼近性能，能有效地克服现有方法中对噪声干扰信号突变特征点不易辨识的难点，之后又结合负压波定位理论，提出了一种管道泄漏的实时检测策略。杨开林等（1995、1996）分析了瞬变泄漏检测法用于管网的可行性，同时建立了瞬态检测法的数学模型及误差准则，并利用二分法来求解数学模型辨识泄漏。白莉等（2005）将管道流动的瞬变流模型转化为状态空间模型的描述，利用扩展的卡尔曼滤波器结合传统恒定摩阻瞬变流方程的特征线解法估计泄漏尺寸及位置。伍悦滨等（2005）提出了基于瞬变分析的漏失数值模拟理论框架，指出该问题实质就是求解系统辨识反问题进行参数的识别。因为管道中的一个泄漏将明显地改变瞬变压力波的幅值衰减，通过改变泄漏参数来最小化压力实测与计算值的差别，可以辨识泄漏。王通、阎祥安等（2005、2006）研究了类似瞬变频域检测方法，应用行波法和传递矩阵法计算管道系统的激励响应信号,不过最终仍转化到时域,通过小波分析激励时域波形的奇异点确定泄漏信号到达管道末端的时间,实现泄漏定位。

国内目前现有的基于负压波的检测和定位方法中存在着一个共同的问题,即由于负压波波形非常复杂,并叠加着随机的噪声,系统很容易出现误报和漏报,如果泄漏波形幅度较小或波形缓慢,相关分析法(Beck et al,2005)和小波分析法经常会出现漏报,小波分析法在强噪声和阈值过低的情况下经常会出现误报。同时这种检测方式太被动,对管道老化、腐蚀、结合部件不严密等原因导致的持续性缓慢泄漏或已经发生的泄漏,负压波法一般不能检出,这是其局限性(靳世久等,1997、1998)。同时该法的最大挑战是提高对微小的缓慢泄漏量检测的灵敏度以及对泄漏点定位的精度。瞬变检测法是国际上近年发展起来的研究课题,我国在这方面的研究尚处于起步阶段(伍悦滨、刘天顺,2005)。

1.3.2　国外研究现状

国际上近年来对管道输水系统的泄漏检测研究也越来越重视,研究的物理模型(Covas et al,2005;Mpesha,1999)一般可简化为上游固定水位(水库),然后接单管(或分叉管),管道末端接振荡阀门后流入大气,而研究热点主要是瞬变检测法。瞬变检测法分为时域和频域方法,早期常用时域法,时域方法一般需要测量管道进出口的流量及水压变化过程。近年来,Brunone(1999)提出了一个基于瞬变流模型的排水管泄漏定位方法,通过研究激励反射波的衰减幅值来获得泄漏参数。Verde 等(2007)利用瞬变法对两个泄漏孔进行辨识。Vitkovsky 等(2001、2003)系统地研究了瞬变时域反问题分析进行泄漏检测,并首次将遗传算法用于目标函数的寻优中,而且对交叉算子作了改进,并结合模型试验数据对反问题分析模型中可能存在的误差作了分析,采用一种误差补偿策略对模型进行修正(2007)。Ferrante 等(2007)也提出了基于瞬变时域检测泄漏的辨识方法。当管道有泄漏孔时,系统测点的瞬变时域反射波形部分反映了泄漏孔信息,原本平滑连续的时域波形由于泄漏而发生部分间断,这个间断点出现的时刻反映其相对位置,波形间断前后相对大小反映泄漏量,所不同的是作者应用小波分析信号的间断点,同时还研究了滤波对泄漏辨识的影响,该试验要求末端阀门产生流量脉冲信号,若瞬变信号产生的速率过慢,那么激励信号将因为水流耗散作用而太过平滑,以致没有产生间断点,这样此方法即会失效。

在目前,大直径管道流量传感器测量的偏差在0.5%~2%,压力传感器的测量偏差在0.1%~0.05%,也就是说,压力的测量精度远远高于流量的测量精度。另外,瞬时流量传感器,如常用的超声波流量计,在检测时间周期较小时测量值受随机噪声信号的影响很大,真实特性时间历程的辨识比较困难。更重要的是流量传感器比压力传感器投资高得多。基于这些原因,泄漏检测方法的一个发展方向是减少对瞬变流量信号的依赖,通过对管道压力信号的辨识来进行泄漏定位。在这一背景下,泄漏检测的频域法成为国际上的研究重点。

国际著名瞬变流专家 Chaudhry(1987)的研究表明,管道中稳定的水力波动可以在时域或者频域中分析,当在时域中分析时,从瞬态过渡到稳定波动的收敛过程缓慢;但是,当在频域中分析时,由于是直接确定系统的频域响应,花费的计算时间小得多。如果管道中的流量小范围扰动,描述管道流动方程的非线性项影响很小,可视为线性的。管道的频率响应描述的是在不同频率上输出与输入之间幅频或相频的关系,其系统的频率响应特性与边界条件、管道系统配置、流体的波速、管道摩阻、泄漏的参数等相关,它可由频率扫描方法(Chaudhry,1987)来获得,另外也可以由足够带宽的伪随机二进序列产生输入信号的方式来获得(Liou,1998),不过前者应用的较多,利用管道有无泄漏时频率响应曲线,分析频率范围内的幅值大小及规律来进行泄漏辨识。该分析方法被较多应用于管道局部阻滞物或泄漏的辨识中。当管道有局部阻滞物时,与正常管道系统的频率响应曲线相比,它会在各奇谐波位置处降低幅值,在偶谐波位置处增大幅值,同时在整个频率范围内呈现一定的波动形态,而泄漏对管道系统的频率响应的影响作用与之类似。在这点上,Ferrante、Brunone(2003)在计算有泄漏情况下管道的传递矩阵时发现,奇谐波频率上振荡压头的衰减形态与正常无泄漏管道的衰减形态不同且呈一定规律性。Taghvaei 等(2006)通过频谱变换分析实测的瞬态压力数据来辨识初始激励压力波和反射波之间的时间延迟,而这一延迟正反映了管道的基本特性,如管道节点、末端阀门、泄漏孔信息。Mpesha、Chaudhry等(2001、2002)研究了上游为水库、下游为可以制造正弦周期扰动阀门条件的管道系统泄漏检测频域数学模型,利用传递函数矩阵直接求解管道末端波动压力的频率响应,与管道系统无泄漏时的压力频域响应图相比,有泄漏时响应图中有附加的共振压力峰值,且附近压力峰值要小于无泄漏的共振压力峰值,泄漏点的定位是通过波动压力的频率响应计算得到的。数值模拟表明,此频域模型只需要测量一个位置,如阀门处的流量或压力信号就可以完成泄漏检测任务,并且具有很高的定位准确性,即使泄漏流量为 0.5% ,也可以用频域法进行泄漏检测和定位。Lee、Vitkovsky 等(2002、2003、2005)同样假设阀门正弦扰动,提出了泄漏检测频域分析方法,研究发现管道压力频域幅值随频率呈波动规律,通过对比有无泄漏时频域响应曲线波形的变化情况进行泄漏的定位,同时还研究了更复杂的情况,考虑了非恒定流摩阻系数的影响,基于系统的频域响应,提出了两种管道泄漏辨识的数值方法,通过比较频率范围内的压头峰值的相对大小来辨识泄漏,其有无泄漏的主要差别仍然集中反映在奇谐波频率上,随后他们又研究瞬变激励条件下的频域模型,并与试验结果进行比较。Taghvaei 和 Mpesha 等的方法优点是明显的,但实施困难,因为需要阀门不断启、闭制造等幅正弦周期扰动或方波扰动,对阀门控制要求高、投资大。Ferrante、Brunone(2003)研究了谐波分析方法,它采用类似频域模型,但将阀门扰动修改为快速关闭,产生一个脉冲流量,通过脉冲响应分析将瞬变方程在频域中直接求解,通过传递函数的谐波分析来实现管道有无泄漏的检测。Wang 等(2002、2005)根据一个事实:在阀门突然关闭后,微小的泄漏也大大影响水击波动的振幅衰减速度,提出了一个适用一条等直径简单管道的泄漏检测方法,将泄漏等效为一个水力阻力衰减因子,采用傅立叶变换求解水击偏微分方程,通过分析傅立叶变换各分量频率特性确定泄漏大小和位置,该方法只需管道出口阀门突然关闭产生一个流量脉冲扰动,理论上,它可以检测 0.1% 以上的泄漏量,并进行泄漏定位。不过,该法不能应用于复杂管线,如不同管径。Sang(2005)考虑了层流和紊流非恒定流的水头损失,把脉冲流量用于泄漏检测,并采用拉氏变换得到系统的频域相应模型,采用遗传优化算法来确定泄漏量和定位。Covas 等(2005)基于驻波原理将此泄漏引起的频响衰减规律应用到管道泄漏定位中,而该原理被广泛应用于电力系统的故障诊断中。最近 Sattar、Chaudhry 等(2008)考虑频率相关的摩阻模型,将频率响应分析方法应用于管道局部阻滞物的位置及大小的辨识当中,不同的是作者基于在偶谐波上的频率响应幅值来进行辨识。在瞬变检测法辨识泄漏数学模型的求解上,Nash 等(1999)、伍悦滨等(2005)、Covas 等(2001)研究了基于梯度的算法,杨开林等(1996)研究了基于试算的二分法,Vitkovsky 等(2000)、Lee 等(2005)研究了基因进化算法等。

1.3.3 存在问题分析

上述研究表明基于瞬变流的时域或频域检测法具有很大的研究和实用价值,但是在实际调水工程中应用瞬变检测法检测泄漏还存在一些问题。

其一,利用阀门迅速全关或全开产生流量脉冲或等幅正弦周期扰动、方波扰动在设计、运行中不容许。对现代大型调水工程,由于线路长,管道直径大,为了减少管道投资,一般采用缓慢的阀门启闭速度,以减小管道承受的水击压力,或者防止管道因瞬时压力过低发生液体汽化现象,保证系统运行安全。

其二,管道泄漏和非恒定摩阻两个因素都直接影响着瞬变水击波形的畸变和衰减特性,能否从压力信号突降点或压力幅频特征畸变过程中分清二者的区别又直接关系定位的准确性。在实际工程应用中,计算管道瞬变流的数学模型时一般都忽略了非恒定摩阻的影响,主要因为工程一般关心的是系统甩负荷时造成瞬变水击波的最高或最低值,对其后的衰减过程并不关心。然而在管道泄漏的瞬变检测方法中存在:①阀门扰动后整个时间段上的瞬变流动的模拟都必须较完整地获得;②瞬变波形每个谐波的幅值大小需尽量准确地模拟;③系统较小的 L/a(L 为线路长,a 为水击波速)值造成非恒定流壁面切应力来不及因水流耗散作用消耗掉。现有研究采用的阀门完全关闭情况用线性化模型描述存在误差,实际上,即使采用现有的非线性模型也很难模拟阀门完全关闭后的水力过渡过程,例如,在阀门不完全关闭情况下,实测水压与计算值非常接近,但在阀门完全关闭后,实测水压波动幅度比计算的小得多(杨开林,2000)。最近 Nixon 等(2006、2007)利用二维水击模型研究了非恒定摩阻在瞬变反问题辨识泄漏中的敏感性问题,数值模拟结果也表明,泄漏和非恒定摩阻这两个因素都影响着瞬变水击波波形的畸变和衰减特性,尤其当泄漏量小于管道流量的 20% 时,必须考虑非恒定摩阻。由此可见,采用非恒定摩阻的瞬变流模型比传统水击模型更能提高瞬变检测法的检测精度。

其三,现有的瞬变频域检测不是纯粹在频域范畴内分析求解,它们也需要部分时域信息,由于在管道中很难产生高频激励,且频响图依赖于外部激励的形式,这对于复杂系统有时是一件困难的事情。

其四,当阀门完全关闭时间 T 很短时,如 $T \leqslant L/a$,则阀门流量的变化可以用脉冲函数表示,因为阀门流量的变化过程曲线形状对管道中水力瞬变没有影响;但是,当阀门关闭较缓慢时,阀门流量的变化过程曲线形状对管道中水力瞬变有很大影响,不能用脉冲函数描述阀门流量的变化。较长的阀门关闭时间,不能简单用一个流量脉冲函数表示,在此情况下,流量变化过程对水力瞬变有较大影响,必须考虑。

其五,求解模型时,LM 算法是标准的优化求解方法,但是其收敛依赖于初始值,容易陷入局部最优,在瞬变分析中该法的计算量大;试算法概念简单,但费时,盲目性较大。

其六,现有频域法多从数学模型、数值模拟上进行检测,缺乏试验验证,包括实验室模型验证。在一般情况下,为了使水力检测数据不失真,泄漏检测仪器的检测周期需很小。实践表明,由于实际工程中管道系统本身是动态运行,在瞬变过程中存在一些随机不确定性干扰因素,如噪声、测量误差等,且检测周期越小,噪声信号的干扰越大。如何从噪声干扰信号中辨识出量测流量、水压的真实水力瞬变特性也是需解决的一个问题。

1.4　本书的研究内容、目标及主要工作

1.4.1　主要研究内容、目标

调水工程管道系统的典型布置一般是:

(1)泵站—管道—调节池(或者出水池,调压井),然后在调节池后接明渠或者管道,如引黄入晋输水工程、南水北调中线北京段有压管涵输水工程。

(2)调节池—管涵—调节池(或者保水堰),然后在调节池后接明渠或者管涵,如南水北调中线天津段有压管涵输水系统。

二者的泄漏检测模型可归纳为:水库(调节池)—管道—阀门,如前所述,这也是目前国际上研究的概化物理模型。对所研究的不同边界条件下的管道系统,泄漏检测设备最少的传感器布置是:在阀门处设置流量、压力传感器,在调节池处设置压力传感器。作为更可靠的方法,也可在管线上多设一些压力传感器。泄漏检测的方法是,由阀门部分关闭/开启或特殊激励方式制造流量扰动信号,同时由流量、压力传感器记录阀门和调节池处流量、压力及水位的水力瞬变时间历程,然后以阀门处流量和调节池水位作为已知边界条件,分析系统泄漏前和泄漏后其他传感器处水压的时频域特性,通过对理论时频特性和实测时频特性的比较,以确定泄漏大小和位置。本书的研究目标是发展实用的泄漏检测瞬变时域、频域理论和实施方法。

1.4.2　主要研究工作

本书系统地研究了基于水力瞬变全频域分析的调水工程管道系统泄漏检测方法,研究工作涉及瞬变流、泄漏检测理论、模型试验和滤波技术等,着力解决目前在实际调水工程中应用瞬变检测法检测泄漏所存在的一些问题,各章节的主要内容如下:

第1章绪论部分主要介绍开展调水工程输水系统管道泄漏检测研究的意义,综述目前泄漏检测方法的研究进展,指出国际研究热点以及在调水领域存在的主要问题,同时叙述本书的研究内容、目标等。

第2章研究泄漏检测瞬变流非恒定摩阻模型。分析各类模型优缺点,通过文献算例验证表明与瞬时加速度有关的 IAB 模型能够模拟出整个时间段上压力波的幅值衰减和畸变,并给出该模型的离散网格和特征线插值解法。分析不同泄漏参数对瞬变水击波的影响,同时以瞬变流 IAB 模型为基础,建立泄漏的瞬变反问题分析时域模型,用遗传优化算法结合该模型求解目标函数,给出数值计算程序流程图,并将之应用于算例进行泄漏参数的辨识,寻优的效果比较明显,为后续开展管道泄漏检测的全频域法奠定基础。

第 3 章研究管道泄漏检测的全频域法。建立适合各种边界条件的管道水击频域数学模型,导出有无泄漏情况下管道任意位置处的传递函数及压力水头、流量表达式,并应用拉氏变换原理导出实测离散函数如阀门流量、管道测点水压的频域数学模型,该模型完全在频域内分析,不需要涉及微分方程,求解只需要进行复数的代数运算,在此基础上,提出基于水力瞬变全频域数学模型的泄漏检测反问题分析方法,称为管道泄漏检测的全频域法。全频域法与以前频域法的差别有两点:一是边界条件不受限制,二是泄漏检测完全在频域中完成,无需求任何一点的付氏逆变换时域函数。本章最后分析常见的不同管道进出口边界条件下,完成管道泄漏检测需要配置的检测传感器数量,并就阀门周期扰动条件下的全频域模型进行反问题分析及数值模拟验证。

第 4 章对泄漏检测的物理模型进行试验研究。对管道系统特性进行辨识,分析测量信号中的噪声来源,在对比研究传统小波去噪、改进神经网络去噪、最小二乘拟合去噪等方法在实测数据中去噪效果的基础上,提出信号预滤波结合阈值自学习小波去噪的综合滤波方法。该法通过对恒定状态下带噪压力信号阈值自学习使得重构信号与期望输出均方误差最小来获得单一工况下的最佳去噪阈值,再将此阈值用于同一工况下整个时间段的去噪,不同工况下得到不同的最佳阈值进而获得最优输出。本章最后对部分瞬变工况实测数据进行泄漏时域、全频域模型的验证,并对辨识结果进行分析。

第 5 章首次研究动边界条件下的全频域数学模型及该模型的抗噪性。主要从数值模拟上与特征线时域法进行比较研究。提出在泄漏反问题求解过程中仅选取特定的频率范围,将有较大影响的频率(扰动频率)去掉,来实现泄漏辨识模型的求解。

第 6 章分析泄漏瞬变检测时域、全频域法的性能。如最佳测点问题、边界条件/初始条件的匹配问题、考虑非恒定摩阻时频率周期的变化问题等。

第 7 章对全书进行总结,指出本书的创新点及不足,并提出进一步研究的设想和建议。

第2章　泄漏检测瞬变流
非恒定摩阻模型

　　基于水力瞬变分析的管道泄漏检测首先需要准确模拟管道的非恒定流。本章将研究几类非恒定摩阻模型并给出 IAB 模型的离散求解方法,分析不同泄漏参数对瞬变水击波的影响,同时以瞬变流 IAB 模型为基础,建立泄漏的瞬变反问题分析时域模型并给出求解方法,为后续开展管道泄漏检测的全频域法奠定基础。

2.1　基本假设和控制方程

　　管内流体传输与瞬变的研究工作最早是从研究波在管道中的传播过程开始的,从 19 世纪初发展到现在,已经形成了较为成熟的水力瞬变理论。假设:
　　(1)管流是均质流体且按一维流动处理;
　　(2)流体流动为小幅度信号,即认为流体本身流速远小于波的传播速度;
　　(3)任何时刻管内均充满流质,无由于低压引起的沸腾现象及水柱分离现象;
　　(4)管道和流体发生的是弹性、线性变形。
　　对管内充分发展了的流动过程建立瞬变流数学模型,其动量方程和连续方程可描述为

$$\frac{\partial H}{\partial x} + \frac{1}{g}\frac{\partial V}{\partial t} + J_S + J_U = 0 \tag{2-1}$$

$$V\frac{\partial H}{\partial x} + \frac{\partial H}{\partial t} - V\sin\alpha + \frac{a^2}{g}\frac{\partial V}{\partial x} = 0 \tag{2-2}$$

式中:x 为沿管道中心线方向的距离;t 为时间;H 为压头;V 为管道平均流速;g 为重力加速度;a 为水击波速;α 为管道倾角;J_S 为稳态摩阻;J_U 为非恒定摩阻。

　　对上述方程的具体推导可见 Chaudhry(1987)和 Wylie、Streeter(1993)等文献,这里略去。其稳态摩阻可表示为

$$J_S = \frac{fV|V|}{2gD} \tag{2-3}$$

式中:D 为管道直径;f 为 Darcy-Weisbach 摩阻系数。

　　多年来很多学者致力于非恒定摩阻项 J_U 的研究。Bergant(1994、2001)系统地描述了几种用于瞬变流的非恒定摩阻模型,可分为以下几类:①使用加权函数考虑历史速度和加速度对当前流态影响的模型;②基于瞬时加速度的模型;③基于瞬时加速度的改进模型。

2.2　非恒定摩阻模型的研究进展

2.2.1　CB 模型

Zielke(1969)通过拉普拉斯变换和求解贝塞尔方程,首先推导出适合于层流瞬变流的切应力公式,把非恒定摩阻同加权函数和历史加速度联系起来,可写为

$$J_U = \frac{16\nu}{gD^2}\int_0^t \frac{\partial V(t)}{\partial t'} W(t - t')\,\mathrm{d}t' \tag{2-4}$$

式中:$W(t - t')$ 为加权函数;ν 为黏度。

Vardy 和 Brown(1995)将管内流体分为两区,假设壁面附近为层流,黏度线性变化,核心区流速均匀分布,推导出了适用于湍流的非恒定摩阻模型,与 Zielke 模型类似,随后给出了加权函数的具体表达式:

$$W(t) = \frac{\alpha\exp(-\beta t)}{\sqrt{\pi t}} \tag{2-5}$$

式中:$\alpha = \dfrac{D}{4\sqrt{\nu}}$;$\beta = \dfrac{0.54\nu Re^k}{D^2}$,$k = \lg\dfrac{14.3}{Re^{0.05}}$,$Re$ 为雷诺数。

CB(Convolution Based)模型从理论上证实了瞬变流摩阻可表示为拟恒定摩阻和非恒定摩阻的和,它与历史加速度和加权函数有关。但加权函数形式较复杂,且模型需存储前一时步的流量和压力矩阵,计算量大,但其计算结果与实测比较吻合。随后的学者为了提高该模型的计算效率,从不同的初始条件出发对模型进行调整。Vardy 和 Brown(2003)给出了一系列适合光滑管紊流的权值,随后又推导出适合紊流的更准确的 k 值;Ghidaou(2002)等对 CB 模型作了进一步的补充,并将它与特征线法结合起来。由于加权函数在进行数值计算时,需要保存前一时步的矩阵,不易编程,作者提出了一个加权函数的近似计算方法,虽然降低了计算精度,但极大地提高了运算速度,并对文献中出现的广泛雷诺数和频率范围内的模型试验作了数值模拟,结果符合良好。

2.2.2　IAB 模型

Brunone 等(1995、2000)认为非恒定摩阻与瞬时当地加速度和对流加速度有关,且将加速度引入到非恒定摩阻中,波速的引进将摩阻与管道流体特征联系起来,更真实地模拟了瞬变流摩阻,并给出了计算公式:

$$J_U = \frac{k_3}{g}\left(\frac{\partial V}{\partial t} - a\frac{\partial V}{\partial x}\right) \tag{2-6}$$

式中:k_3 为 Brunone 系数,可写为 $k_3 = \dfrac{\sqrt{\dfrac{7.41}{Re^k}}}{2}$,其中 $k = \lg\dfrac{14.3}{Re^{0.05}}$。

Wylie 等(1997)将 IAB(Instantaneous Acceleration-Based)模型应用于特征线解法当中,并对文献出现的管流瞬变作了数值计算,验证结果较好;Pezzinga 等(2000)从系数 k_3

的角度提出了更为精确的模型,应用有限差分方法对模型进行数值计算,并将之与二维水击模型进行对比,指出 k_3 值随着时间和空间步长变化。

2.2.3　MIAB 模型

Bergant 和 Vitkovsky(2001)通过分析不同非稳态管流瞬变情况发现 IAB 模型在部分工况下出现了符号错误,因此他们提出一组新的修正公式:

$$\begin{cases} J_U = \dfrac{k_3}{g}(\dfrac{\partial V}{\partial t} + a \cdot SGN(V) \dfrac{\partial V}{\partial x}) \\ J_U = \dfrac{k_3}{g}(\dfrac{\partial V}{\partial t} + a \cdot SGN(V) \left| \dfrac{\partial V}{\partial x} \right|) \end{cases} \tag{2-7}$$

式中:$SGN(V)$ 为符号函数,当 $V \geqslant 0$ 时,$V = 1$;当 $V \leqslant 0$ 时,$V = -1$。

Axworthy 等(2000)将特征线法应用于 MIAB(Modified Instantaneous Acceleration-Based)模型,并认为特征线的倾角取决于瞬时速度和对流加速度,通过试验对比,证实了该模型对阀门突然关闭情况下的水力瞬变吻合较好。

2.2.4　其他模型

其他非恒定摩阻模型基本上也是从 IAB 模型修正得来的(Vitkovsky,2001),如:

$$J_U = \frac{k_3}{g}(\frac{\partial V}{\partial t} + a \cdot SGN(V) \left| \frac{\partial V}{\partial x} \right|) + \frac{k_M}{g} \frac{\partial V}{\partial t} \tag{2-8}$$

即在 MIAB 模型又对加速度项进行修正,式中 $k_M = \beta - 1$,β 为布辛涅斯克系数。将该模型分解又得到 $k_A \& k_P$ 模型:

$$J_U = \frac{k_P}{g} \frac{\mathrm{d} V}{\mathrm{d} t} + SGN(V) \frac{k_A}{g} \left| \frac{\mathrm{d} V}{\mathrm{d} t} \right| \tag{2-9}$$

式中:$k_A = k_3$,$k_P = k_3 + k_M$。

2.3　管道泄漏检测中的瞬变流模型

2.3.1　模型的选择

Vitkovsky 等(2006)根据水力瞬变过程中水击波、流速的方向不同以及加速度的正负将简单管道水力瞬变过程分为 8 类,并将以上各种非恒定摩阻模型应用于这 8 种不同类型,着重讨论了各种模型的适用范围及优缺点。研究表明,IAB 模型适用于下游阀门关闭情况,对水击波的衰减和畸变过程吻合较好,但它无法正确模拟上游关阀过程。MIAB 模型虽有一定改进,但也不适应阀门突然开启的情况,CB 模型对各种类型水力瞬变都吻合较好,但是计算量大。

如前所述,泄漏的瞬变检测法是靠系统边界的阀门激发瞬变扰动(包括关闭),再获得测点的压力响应值来辨识管道的泄漏。研究表明,IAB、CB 模型均适用于下游阀门的关闭情况,但后者计算量大,编制程序困难,考虑到瞬变的频域法还要对水击方程进行线性化处理,故选择 IAB 模型,且上述后三种模型仅在关键系数上略有不同,不同的模型在离散方式上稍有偏差。

2.3.2　特征线插值解法

求解水力瞬变问题,特征线法是比较常用的。将非恒定摩阻模型 IAB 应用到特征线法中,有两种方法:一是将模型中的导数项整合到全微分中,从而改变特征线网格;二是将非恒定摩阻看成是恒定摩阻的附加项,单独计算。鉴于第一种方法数学上的严谨性,采用全微分的形式(郭新蕾、郭永鑫,2008)。将式(2-1)~式(2-3)、式(2-6)联立写成如下形式:

$$L_1 = \frac{\partial H}{\partial x} + \frac{V}{g}\frac{\partial V}{\partial x} + \frac{1}{g}\frac{\partial V}{\partial t} + \frac{fV|V|}{2gD} + \frac{k_3}{g}\left(\frac{\partial V}{\partial t} - a\frac{\partial V}{\partial x}\right) = 0 \tag{2-10}$$

$$L_2 = V\frac{\partial H}{\partial x} + \frac{\partial H}{\partial t} + V\sin\alpha + \frac{a^2}{g}\frac{\partial V}{\partial x} = 0 \tag{2-11}$$

一般情况下,假设管道平铺,忽略 $V\sin\theta/a$,由于 $a\gg|V|$,可忽略 V、H 的对流项,则有

$$L = L_1 + \lambda L_2 = \lambda\left(\frac{\partial H}{\partial t} + \frac{1}{\lambda}\frac{\partial H}{\partial x}\right) + \frac{1+k_3}{g}\left(\frac{\partial V}{\partial t} + \frac{\lambda a^2 - k_3 a}{1+k_3}\frac{\partial V}{\partial x}\right) + \frac{fV|V|}{2gD} = 0$$
$$\tag{2-12}$$

由全微分定理,得到

$$\frac{\mathrm{d}x}{\mathrm{d}t} = \frac{1}{\lambda} = \frac{\lambda a^2 - k_3 a}{1 + k_3} \tag{2-13}$$

整理得

$$\lambda = -\frac{1}{a} \text{ 或 } \lambda = \frac{1+k_3}{a} \tag{2-14}$$

式(2-12)可写为

$$\lambda\frac{\mathrm{d}H}{\mathrm{d}t} + \frac{1+k_3}{g}\frac{\mathrm{d}V}{\mathrm{d}t} + \frac{fV|V|}{2gD} = 0 \tag{2-15}$$

对于图 2-1 所示特征线网格,正负特征线兼容性方程可写为

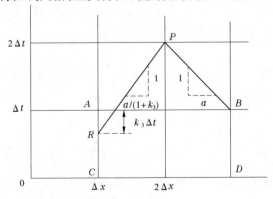

图 2-1　IAB 模型的特征线插值网格

$$
\begin{cases}
C^{+}: \mathrm{d}H + \dfrac{a}{g}\mathrm{d}V + \dfrac{fV|V|}{2gD}\Delta x = 0 & \dfrac{\mathrm{d}x}{\mathrm{d}t} = \dfrac{a}{1+k_3} \\[3mm]
C^{-}: \mathrm{d}H - \dfrac{a(1+k_3)}{g}\mathrm{d}V - \dfrac{fV|V|}{2gD}\Delta x = 0 & \dfrac{\mathrm{d}x}{\mathrm{d}t} = -a
\end{cases}
\tag{2-16}
$$

沿着正负特征线积分可得

$$
H_P - H_R + B(Q_P - Q_R) + RQ_P|Q_R| = 0 \tag{2-17}
$$

$$
x_P - x_R = \frac{a}{1+k_3}(t_P - t_R) \tag{2-18}
$$

$$
H_P - H_B - B(1+k_3)(Q_P - Q_B) - RQ_P|Q_B| = 0 \tag{2-19}
$$

$$
x_P - x_B = -a(t_P - t_B) \tag{2-20}
$$

在 R 点对 H_P、Q_P 线性插值并代入式(2-17)得

$$
C^{+}: H_P = H_R + BQ_R - Q_P(B + R|Q_R|) = C_P - Q_P B_P \tag{2-21}
$$

$$
C^{-}: H_P = [H_B - B(1+k_3)Q_B] + Q_P[B(1+k_3) + R|Q_B|] = C_M + Q_P B_M \tag{2-22}
$$

由式(2-21)、式(2-22)得

$$
Q_P = \frac{C_P - C_M}{B_P + B_M} \tag{2-23}
$$

式中: $B = \dfrac{a}{gA}$; $R = \dfrac{f\Delta x}{2gDA^2}$; C_P、B_P、C_M、B_M 是时刻 $t - \Delta t$ 的已知量(杨开林,2000)。因 R 点的变量值与 A、C 点有关,程序编制时每一步须存储前后两个时段上的变量值。

若采用 $k_A \& k_P$ 模型,相应的方程 L_1 可写为

$$
L_1 = \frac{\partial H}{\partial x} + \frac{[1 + k_P + SGN(V)k_A]}{g}\frac{\mathrm{d}V}{\mathrm{d}t} + \frac{fV|V|}{2gD} = 0 \tag{2-24}
$$

联立 L_2 后可解得

$$
\lambda' = \pm \frac{\sqrt{1 + k_P + SGN(V)k_A}}{a} \tag{2-25}
$$

改变特征线网格,相应的正负特征线方程可写为

$$
\begin{cases}
C^{+}: \mathrm{d}H + \dfrac{a\sqrt{1 + k_P + SGN(V)k_A}}{g}\mathrm{d}V + \dfrac{fV|V|}{2gD}\Delta x = 0 \\[4mm]
C^{-}: \mathrm{d}H - \dfrac{a\sqrt{1 + k_P + SGN(V)k_A}}{g}\mathrm{d}V - \dfrac{fV|V|}{2gD}\Delta x = 0
\end{cases}
\tag{2-26}
$$

沿着特征线积分即可得到类似于式(2-21)、式(2-22)的相容方程进而求解。

对于下游阀门边界,有

$$
Q_P = -B_P C_v + \sqrt{B_P^2 C_v^2 + 2C_v C_P} \tag{2-27}
$$

式中: $C_v = \dfrac{(Q_r \tau)^2}{2H_r}$, Q_r、H_r 为阀门定常流时的流量及压头, τ 为阀门流量系数。

对于管道中的泄漏孔,如图 2-2 所示,泄漏孔流量为

$$
q_i = C_d A_g \sqrt{2gH_i} \tag{2-28}
$$

由连续性方程可得

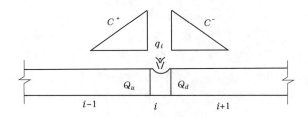

图 2-2 泄漏孔节点

$$H_u = H_d = H_i \tag{2-29}$$
$$Q_u = Q_d + q_i \tag{2-30}$$

式中：C_d、A_g 为泄漏流量系数和泄漏孔的面积；H_i 为泄漏点的压头；u、d 为断面上、下游位置。联立式（2-21）、式（2-22）、式（2-28）、式（2-29）、式（2-30）可求得 Q_u，相应的 H_u 由式（2-21）求得。

2.3.3 算例研究

本节取两个算例对上述 IAB 模型进行验证，其中表 2-1 中 No.1 工况为 Bergant 等（1994）的试验数据，No.2 工况为泄漏检测概化模型（见图 2-3）的一组典型数据（Wang et al，2002），关于 IAB 模型的试验研究可见后文。

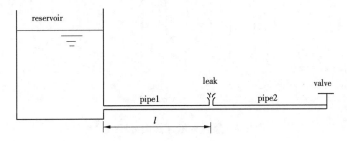

图 2-3 简单输水系统泄漏示意图

表 2-1 试验计算基本参数

工况	管径（m）	管长（m）	$(4L/a)$（s）	摩阻系数	密度（kg/m³）	黏度（m²/s）	g（m/s²）	雷诺数
No.1	0.022	37.2	0.113	0.034 0	1 000	1.136×10^{-6}	9.806	5 600
No.2	0.2	1 000	4	0.030 2	1 000	1.139×10^{-6}	9.806	112 000

对工况 No.1，上游为恒定水位，起点压头为 32 m，下游阀门在 0.012 s 内线性关闭。管道末断面阀门处的压力实测结果、两种瞬变流模型数值计算结果见图 2-4。从图 2-4 中可看出，与瞬时加速度有关的非恒定摩阻 IAB 模型在整个模拟时间 0.9 s 内都能比较准确地反映实际压力波的波形畸变和衰减过程。也就是说，如果只关心瞬变的第一个峰值，那么传统的水击计算模型已经足够，但要反映整个过程，必须考虑非恒定摩阻的影响。

图 2-5 为图 2-4 的局部放大,从中发现考虑非恒定摩阻时,水击压头除了衰减更快,还有一个相位的偏移,与恒定摩阻模型相比,波形变得平滑,这是由特征线网格插值引起的,如图 2-1 所示,由于特征线网格左右两边不对称,使得沿左边特征线积分时原有水击周期 $4L/a$ 增大 $(1 + k_3)$ 倍。图 2-4 还给出了当管道泄漏时用传统水击模型计算的阀门处的压力过程,其中假设的泄漏点位置在管道中点,泄漏量为恒定状态下流量的 2%。对比曲线图发现,非恒定摩阻和管道泄漏对水力瞬变产生水击波波形的衰减有不同程度的影响,Wang 等(2002)的研究表明,前者在每个谐波分量上的衰减固定不变,而后者并不相同,但从图中很难区别二者的影响程度。这就要求在泄漏检测瞬变流模型计算中必须考虑非恒定摩阻的影响,选择合适的模型。工况 No.2 的上游水位为 25 m,管道初始流量为 0.02 m^3/s,图 2-6 为该工况下管道中点处的模型计算结果,也明显反映出 IAB 模型计算压头的相位偏差特性及压头幅值衰减特性。

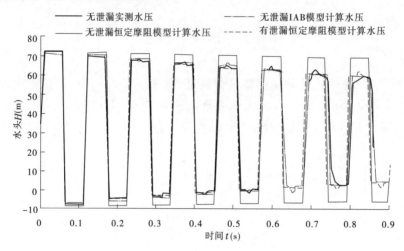

图 2-4　管道末断面阀门处压力过程

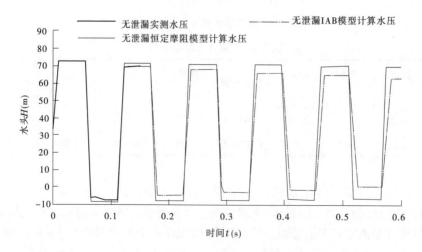

图 2-5　管道末断面阀门处压力过程(放大图)

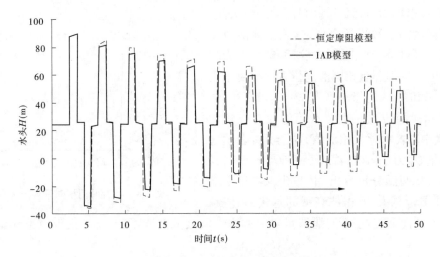

图 2-6 管道中点的压力过程

2.4 泄漏对瞬变水击波的影响

本节研究不同阀门关闭速度情况下,管道泄漏的存在对瞬变时域水击波的影响。

2.4.1 缓慢关阀

前已述及,在瞬变条件下,即使微小的泄漏,在管道泄漏发生前后的水压波形也存在较大差别,选取试验中的一组实测水压如图 2-7 所示,图中实测值均指经过预滤波和自学

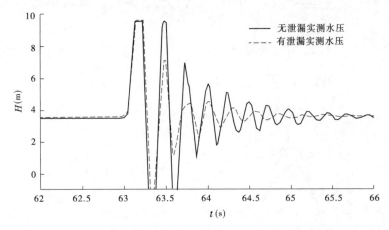

图 2-7 模型试验中某一泄漏存在对瞬变水击波衰减的影响

习阈值小波去噪后的结果,关于去噪研究,后文详述。从中可看出,同样的阀门瞬变关闭产生水击波,有泄漏情况下水击波明显衰减的快。假定管道泄漏情况已知,试验中上游水位基本不变,下游阀门激励瞬变,阀门开度过程如图 2-8 所示,用特征线法对考虑非恒定摩阻的 IAB 模型进行数值计算,计算参数见表 2-2 中的 No. 3,图 2-8 中阀门关闭时间约

为 0. 18 s,相对 2L/a 而言,该阀门为缓慢关闭。
选取不同泄漏参数进行模拟,其相同泄漏量不
同泄漏位置对瞬变水击波的衰减和畸变的影响
见图 2-9,不同泄漏量相同泄漏位置对瞬变水击
波的衰减和畸变的影响见图 2-10。图中 $l =$
0. 25 表示泄漏位置距上游水箱的相对位置为
0. 25,其中 l 表示管长相对值,$Q_{l0} = 5\%$ 表示稳
态泄漏量 Q_{l0} 为稳态初始管道流量 Q_0 的 5% ,其
他类似。从两图分析得出,泄漏孔越接近末端
阀门,泄漏量越大,水击波衰减的越快,幅值越

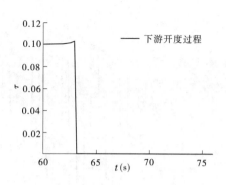

图 2-8　下游阀门相对开度过程

小。因不同泄漏位置、不同泄漏量对应的水击波衰减曲线不同,从而能够据此辨识泄漏
参数。

表 2-2　试验计算基本参数

工况	管径 (m)	管长 (m)	(4L/a) (s)	摩阻系数	密度 (kg/m³)	黏度 (m²/s)	g (m/s²)
No. 2	0.2	1 000	4	0.030 2	1 000	1.139×10^{-6}	9.806
No. 3	0.3	36.27	0.248	0.013 4	999.1	1.139×10^{-6}	9.806

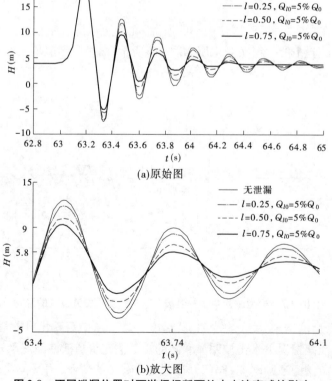

(a)原始图

(b)放大图

图 2-9　不同泄漏位置对下游阀门断面处水击波衰减的影响

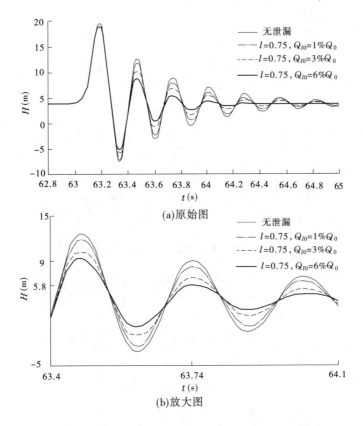

(a)原始图

(b)放大图

图 2-10　不同泄漏量对下游阀门断面处水击波衰减的影响

2.4.2　瞬间关阀

因模型试验中是手动关闭阀门,对本模型来说,无法达到快速关闭(指相对间接水击的时间)。此小节将利用一算例的数值模拟来研究瞬变关闭时泄漏对水击波的影响以及相应的泄漏辨识方法。算例的管道布置仍同图 2-3,其计算参数见表 2-1 的 No.2。初始状态通过阀门调节保持稳态流量为 0.02 m³/s,此时的雷诺数为 111 785。首先忽略非恒定摩阻即模型中 k_3 的影响,假定不同的泄漏位置、泄漏量大小时,研究其对瞬变水击波的影响。

图 2-11 给出了在阀门瞬间关闭时,不考虑管道摩阻,经 MOC 法计算得到的阀门处压头变化,图中泄漏参数的意义如前所述。研究发现,当泄漏位置一定时,泄漏量越大,阀门处水击波衰减的越快,幅值越小,这点和图 2-9、图 2-10 一致,不同的是,当泄漏量一定,泄漏位置不同时,瞬变波形在每个谐波上发生了畸变,$l = 0.25$ 处泄漏波形呈现为凸形,$l = 0.75$ 处泄漏波形呈现为凹形。因此,阀门瞬变关闭所激发的水击波比缓慢关闭时更能反映泄漏参数对水击波衰减和畸变的影响。从图中还可发现,瞬变的第一个水击波(2 s < t <4 s)在不同位置泄漏时产生间断点的时刻不同,且泄漏量越大,衰减幅值越大。图 2-12 是图 2-11 的细部,更能说明上述结论。无泄漏时,由管道水击理论,如果上游为水

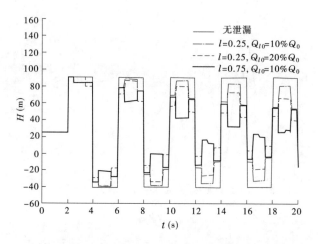

图 2-11　不同泄漏参数对水击波衰减的影响

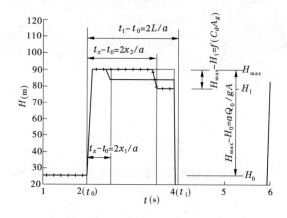

图 2-12　不同泄漏参数对水击第一个压力波衰减形态的影响

库,在无摩擦的情况下,瞬变压力波将无衰减地从阀门处向上游传递,当压力波到达泄漏点时,泄漏量会因内外压差的增大而增大,管道内部泄漏点处的压力会因泄漏量增大而相应减小,产生一个负压波,此负压波会向管道末端阀门处反射,类似于无泄漏时压力波到达水库后的反射。后者的水击波在任何一个连续波峰对应的整个时间为 $2L/a$,即水击半反射时间,且固定不变,前者因反射时间 t_x 不同,所以泄漏位置就不同。在图 2-12 中,反射后最终的衰减幅值即 $(H_{\max} - H_1)$ 反映了泄漏量的大小,图中当泄漏量为稳态流量的 20% 时,衰减明显比 10% 时大,如图中的点画线部分。最近 Ferrante、Brunone 等(2007)正是基于阀门瞬间关闭条件下泄漏会造成水击波的不连续性,利用小波分析来辨识泄漏位置,即准确获得 t_x 值实现泄漏位置的定位(此处公式中的 x_1、x_2 是从下游阀门为起始点计算,x 为实际管长),不过文献未对实测衰减量 $(H_{\max} - H_1)$(已知量)反映的泄漏大小参数作解释。国内王通、阎祥安等(2006)基于激励响应,应用行波计算方法根据定义的负压波反射系数得出了管道末端的瞬态压力响应,进而辨识泄漏。本节将在理论分析的基础上利用特征线法推导出反映泄漏量参数的 $C_d A_g$ 在时域中的表达式,进而利用水击第一个压力波来辨识泄漏。

如图 2-12 所示,在 t_0 时刻阀门瞬间关闭,此时阀门处有个 Joukowsky 瞬态压力升高,大小为 aQ_0/gA。经过时间 $\frac{1}{2}(t_x - t_0)$,压力波传到泄漏点位置,如前所述,泄漏点处产生负压波,分别向泄漏点两端传播,研究关心的是负压力波第一次反射回阀门处的波,由波速和 t_x 即可确定泄漏位置,其定位公式为

$$t_x - t_0 = \frac{2x}{a} \tag{2-31}$$

反射压力波的最大值和无泄漏时的最大压力值之差反映了泄漏量的大小,其泄漏量公式为

$$C_d A_g = \frac{1}{B\sqrt{2g}} \frac{H_{\max} - H_1}{\sqrt{(H_{\max} + H_1)/2} - \sqrt{H_0}} \tag{2-32}$$

其中 $B = \dfrac{a}{gA}$。公式(2-32)的推导详见下节。

2.4.2.1　特征线计算方法

如图 2-13 所示输水管道布置图,此图与图 2-3 仅在泄漏位置表述 l 略有不同。泄漏点距下游控制阀门 l,管道全长为 L,上游初始水位为 H_0,调节阀门开度控制管道的初始流量为 Q_0,管道的瞬变靠阀门瞬间关闭产生,设瞬变产生的时刻为 t_0,图 2-14 是阀门关闭后瞬态压力波的传播过程。

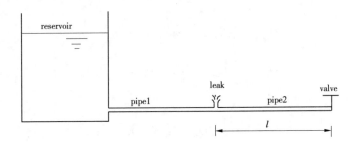

图 2-13　简单输水系统泄漏示意图

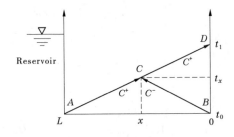

图 2-14　瞬态压力波的特征线传播

如图 2-14 所示,定义点 A、B 分别为管道水库和下游阀门的初始状态,C 为瞬态压力波第一次到泄漏点处,D 点为形成的负压波反射回阀门处。系统发生泄漏后,A 点的状态为

$$\begin{cases} H_A = H_0 \\ Q_A = Q_0 + C_d A_g \sqrt{2gH_0} \end{cases} \tag{2-33}$$

B 点因阀门关闭，流量变为 0，其状态为

$$\begin{cases} H_B = H_0 + \dfrac{aQ_0}{gA} \\ Q_B = 0 \end{cases} \tag{2-34}$$

不计算管道内部计算断面，仅考虑 A、B、C 三点，设泄漏点左右断面的流量分别为 Q_C^+ 和 Q_C^-，用一阶精度离散后，沿正负特征线有

$$Q_C^+ = \frac{H_A + BQ_A - H_C}{B} \tag{2-35}$$

$$Q_C^- = \frac{H_C - H_B}{B} \tag{2-36}$$

其中 $B = \dfrac{a}{gA}$，将式（2-33）、式（2-34）代入式（2-35）、式（2-36）得到

$$Q_C^+ + Q_C^- = C_d A_g \sqrt{2gH_0} \tag{2-37}$$

由 C 点的流量连续条件，得

$$Q_C^+ - Q_C^- = C_d A_g \sqrt{2gH_C} \tag{2-38}$$

解得

$$Q_C^+ = \frac{1}{2} C_d A_g \sqrt{2g} \left(\sqrt{H_0} + \sqrt{H_C} \right) \tag{2-39}$$

$$Q_C^- = \frac{1}{2} C_d A_g \sqrt{2g} \left(\sqrt{H_0} - \sqrt{H_C} \right) \tag{2-40}$$

由式（2-36）得

$$H_C = H_B + \frac{1}{2} B C_d A_g \sqrt{2g} \left(\sqrt{H_0} - \sqrt{H_C} \right) \tag{2-41}$$

C、D 两点沿正特征线有

$$H_D = H_C + \frac{1}{2} B C_d A_g \sqrt{2g} \left(\sqrt{H_0} - \sqrt{H_C} \right) \tag{2-42}$$

由式（2-41）、式（2-42）可得到

$$H_C = \frac{H_B + H_D}{2} \tag{2-43}$$

将式（2-43）代入式（2-42）得

$$H_D = \frac{1}{2} (H_B + H_D) + \frac{1}{2} B C_d A_g \sqrt{2g} \left(\sqrt{H_0} - \sqrt{\frac{H_B + H_D}{2}} \right)$$

于是可得式（2-32），即

$$C_d A_g = \frac{1}{B\sqrt{2g}} \frac{H_B - H_D}{\sqrt{(H_B + H_D)/2} - \sqrt{H_0}}$$

对于图 2-12，有 $H_B = H_{max}$，$H_D = H_1$。

2.4.2.2　数值验证

对于 2.4.2 节中的算例,选取两组工况进行公式(2-32)的验证,即已知 H_{max}、H_1 来定位 $l(l = \dfrac{x}{L})$。

(1)泄漏距离下游阀门 250 m,泄漏孔系数 $C_d A_g = 9 \times 10^{-5}$(稳态泄漏量为 $10\% Q_0$)。

(2)泄漏距离下游阀门 750 m,泄漏孔系数 $C_d A_g = 1.8 \times 10^{-4}$(稳态泄漏量为 $20\% Q_0$)。

数值模拟结果如图 2-12 所示,工况(1)时,由计算结果得 $t_x - t_0 = 0.5$ s,由定位公式(2-31)可知 $x_1 = 250$ m。而工况(1)的 $H_{max} = 90$ m,$H_1 = 84.3$ m,将之代入泄漏量公式(2-32)可得 $C_d A_g = 9.1 \times 10^{-5}$,对比实际泄漏工况(1),泄漏量的辨识误差为 1%。

工况(2)时,由计算结果得 $t_x - t_0 = 1.5$ s,由定位公式可知 $x_1 = 750$ m。此时,$H_{max} = 90$ m,$H_1 = 79.0$ m,将之代入泄漏量公式可得 $C_d A_g = 1.82 \times 10^{-4}$,泄漏量的辨识误差为 1%。

由验证结果可知,利用水击波的第一个升压进行泄漏的辨识是简单有效的,利用特征线法推导的公式也较行波法易于理解。研究仅需要关心压力波第一次反射到管道末端处的信号,对于管道内部流动机理及其后的衰减过程并不要求了解,因此只需在阀门处设置一个压力传感器,且需要采集的数据量小。可利用式(2-31)、式(2-32)设计泄漏检测试验,需要指出的是实际管道由于流体瞬变摩阻的影响以及连续性等原因,得到的压力信号可能较为平滑,因此要求阀门必须快速动作,否则出现上节图 2-9、图 2-10 类似情况,不易捕捉和识别第一个压力波的拐点位置。本次模型试验由于条件所限,阀门无法产生快速关闭扰动,故未对式(2-31)、式(2-32)进行试验验证,公式(2-31)的试验验证可见 Ferrante 等(2007)。

2.5　遗传算法求解泄漏反问题

上节研究了两种关阀速度下泄漏对瞬变水击波的影响,无论快速还是缓慢关闭,不同泄漏位置、不同泄漏量对应的水击波衰减曲线总是不同的,根据此曲线能辨识泄漏参数。本节以瞬变流 IAB 模型为基础,建立泄漏的瞬变反问题分析模型并结合遗传算法求解。

2.5.1　反问题分析模型

瞬变反问题分析指在管道系统中激发低强度瞬变(一般是阀门控制),同时选定系统中的测压点,通过实时监测,获得这些测压点在瞬变过程中的压力响应值,再与泄漏情况下系统模型的计算结果进行对比,从而达到辨识管道参数(如阀门特性、管道糙率、泄漏等)的目的。伍悦滨等(2005)提出了基于瞬变分析的漏失数值模拟理论框架,指出该问题实质就是求解系统辨识反问题进行参数的识别。正如图 2-9 ~ 图 2-11 所示,管道中的一个泄漏将明显地改变瞬变压力波的幅值衰减,通过改变泄漏参数来最小化压力实测与计算值的差别,可以辨识泄漏。于是,说一个点是泄漏点,是指在给定的泄漏位置和初始泄漏流量条件下,同一位置同名物理量(水压或流量)的理论计算值与实测值完全相同,或者最接近。因此,泄漏检测数学表达式可以是

$$E(a_j) = \sum_{i=1}^{M} \sum_{t=0}^{N} \left\{ \theta_1 \cdot [\overline{H}_i^m(t) - H_i(t, X_j)]^2 + \theta_2 \cdot [\overline{Q}_i^m(t) - Q_i(t, X_j)]^2 \right\}$$

$$(2\text{-}44)$$

式中：E 为目标函数；$X_j(j=1,2,\cdots,N)$ 为未知泄漏参数，包括泄漏位置 l 和泄漏量 Q_{l0}；M 为传感器测点个数；N 为采样总时间；$\overline{H}_i^m$、$\overline{Q}_i^m$ 分别为实测值 H_i^m、Q_i^m 滤波去噪后的结果；θ_1、θ_2 为权重系数。

当已知管道进出口各一个边界条件，则必然存在最优决策变量 l、Q_{l0} 使目标函数 E 取最小值，这个 l、Q_{l0} 就是理论上的泄漏位置和泄漏流量。

由于数学上对反问题解的存在性、唯一性和稳定性尚未给出一般证明，普适的方法很难建立，因此反问题的求解方法还不够成熟，一种反问题的求解未必能够推广到其他反问题，人们只能对特定的反问题去寻求特定的求解方法，瞬变反问题的求解也是如此（于永海、索丽生，2000；肖庭延等，2006）。在时域中，基于瞬变反问题分析来辨识泄漏的优化方法有 Nash 等(1991)基于梯度的 LM(Levenberg-Marquardt)算法、杨开林等(1996)基于试算的二分法、Vitkovsky 等(2000、2003)的遗传算法等、Kapeland 等(2003)的混合遗传算法，LM 算法是标准的优化求解方法，但是其收敛依赖于初始值，容易陷入局部最优，在瞬变分析中该法的计算量太大，有时收敛稳定性较差；试算法就是将待求的未知量赋以猜测值，将反问题转化为正问题求解，然后将结果代入控制方程求解看是否满足条件，如果不满足，则修改猜测值，重解正问题，循环直到满足条件，此时的猜测值即为所求反问题的解，此法易于理解，但费时，经验性强，盲目性较大。管道泄漏或者管网泄漏是非常复杂的系统，它常常还与管道系统参数的辨识结合起来，如本书中非恒定摩阻的辨识，那么局部优化方法可能无法完成这样庞大的任务，如出现局部最小，导致泄漏定位错误。遗传算法是一种全局优化算法，它比较适合于复杂问题的优化求解，很多学者已将其成功应用到相关领域的研究中，如管网优化及校核（白丹，2000、2005；周荣敏、林性粹，2001）、水库优化调度（畅建霞等，2001；Robin et al，1999）、决策支持系统（卢麾等，2002）、管道漏失等问题，对于 GA 算法的代码也有免费提供（周正武等，2006；飞思科技产品研发中心，2003）。考虑到遗传算法的全局寻优能力，本书尝试将其应用到瞬变反问题分析模型的求解中，以弥补局部优化算法在求解过程中可能出现的局部最小问题。

2.5.2　遗传算法

把泄漏参数辨识反问题转化为最优化问题，用遗传算法求解。遗传算法（Genetic Algorithms）是模拟自然界生物进化过程与机制求解值问题的一类自组织、自适应人工智能技术。它以编码空间代替问题的参数空间，以适应度函数为评价依据，以编码群体为进化基础，以对群体中个体位串的遗传操作，实现选择和遗传机制，建立起一个迭代过程。新一代个体优于老代，群体个体不断进化，逐渐接近最优解，达到求解问题的目的。它是一种新兴的全局优化算法，其仅以目标函数值为搜索依据，通过群体优化搜索和随机执行基本遗传运算，实现遗传群体的不断进化，适合解决离散组合优化问题和复杂非线性问题。GA 的操作是群体的，该操作以群体中的所有个体为对象，选择、交叉、变异是其三个主要操作算子，它们构成了遗传操作，使得该法有了其他传统优化方法所没有的特性（李霞,2006)。其一,算法对其目标函数不要求连续、可微,只要求可以计算,不使用导数和其他辅助知识;其二,不是从单一个体开始搜索,而是一组群体,同时搜索解空间内的许多点,并且在优良点附近繁殖,寻优过程始终遍及整个解空间,不断搜索空间中的更优点,可避免传统优化方法仅收敛于局部最优解的不足,并求得全局最优解(实际若采用梯度法进行局部寻优求解漏失系数,可能出现局部最小,导致搜索失败);其三,寻优过程虽然具有随机性,但并不是在解空间中盲目地进行穷举式搜索,而是一种启发式的搜索,其趋优的搜索轨迹仅占解空间的很小部分。

遗传算法在其设计上提供了一种求解复杂系统优化问题的通用框架,并不局限某一问题的领域和种类。对于一个实际优化问题,一般构造求解的步骤是:

(1)确定求解问题的决策变量及各种约束;

(2)建立优化模型,即确定出目标函数的类型;

(3)确定决策变量的染色体编码、解码方式及相应约束条件的搜索空间;

(4)确定个体适应度的量化标准即适应度函数的设计;

(5)设计遗传算子,确定选择、交叉、变异等遗传算子的操作方法;

(6)确定算法的运行参数,如种群规模、遗传控制策略、终止条件等进行程序计算。

将上述求解步骤应用于泄漏检测反问题模型的求解,其关键和它求解一般优化问题的关键类似,即确定编码方式,设计适应度函数、遗传算子和遗传控制策略,下面对其一一分析。

1)二进制编码

编码是应用 GA 时首先要解决的问题,编码除了决定个体的染色体排列形式外,它还决定了个体从搜索空间的基因型变换到解空间的表现型的解码方式,也影响到交叉算子、变异算子等的运算。编码方式一般有二进制、浮点数、格雷码、多参数机联等方式。而常用的二进制编码方法解码简单,它属于离散型编码,交叉、变异易于实现,故本书采用此法。需要辨识的参数,即决策变量为泄漏相对位置 l 和泄漏量 Q_{l0},其中 l 的范围为 $0 < l <$ 1。用长度为 10 位的二进制编码来表示单一染色体,共产生 2^{10} 种不同编码。进行适应度计算时,需要解码,解码公式为

$$l = c + \left(\sum_{i=0}^{Len} e_i 2^i \right) \cdot \frac{d - c}{2^{Len} - 1} \tag{2-45}$$

式中:l 为任一编码对应的十进制实数;d、c 分别为参数变量取值范围的上、下限;Len 为该编码的长度;e_i 为该编码中第 i 个字符值(0 或 1)。

于是泄漏的两个参数染色体总长度为20。例如:某泄漏位置染色体编码为(0 0 1 0 1 0 0 0 0 1),若参数变量取值区间为[0 1],由上解码公式得该编码表示的泄漏相对位置为0.157 4。

2)适应度函数设计

适应度函数反映了个体的生存能力,是评价染色体性能的指标。对于泄漏参数辨识反问题,已经转化为函数最优化问题,可直接将目标函数本身作为适应度。即以该染色体表示的泄漏位置和泄漏量为参数计算出的管道任意位置处的压力幅值与该位置实测幅值的均方误差作为适应度,本书取目标函数(2-44)的均值即 E/N 进行程序设计。根据此适应度对染色体群进行选择、交叉、变异等遗传操作,剔除适应度高的染色体,得到新的群

体,反复迭代,直到找到最优值。

3)算子

使用选择算子来对群体中的个体进行优胜劣汰操作。采样轮盘赌选择法和最优保存策略法相结合,既能保证计算快速收敛,又能保证全局搜索能力。

单点交叉法:就是从选择出的染色体中随即选出 2 个染色体,同时产生一个随机数,如果随机数小于设定的交叉率,则将其进行交叉。

变异:基本位变异法,从选择出的染色体中再随机选出一个染色体,同时产生一个随机数,如果随机数小于设定的变异率,则进行变异操作。

4)进化策略

综合应用平等选择与优先选择相结合的混合选择机制、代间竞争和群体单一化策略相结合的生存机制、协调控制进化过程不断向理想的优化方向前进,使得算法的寻优效率、收敛性和稳定性显著增强。

5)控制参数的选取

根据经验,算法的主要控制参数杂交概率一般为 0.6 ~ 0.95,变异概率一般为 0.001 ~ 0.05。算法的终止判断标准一般是按最大进化代数,也可按照连续迭代后得到的解群中最优解基本不变作为终止条件,如 $|F(n+1) - F(n)| < \varepsilon$,式中:$F$ 为适应度,n 为迭代代数。本书初始种群一般取30,最大进化代数取100。

2.5.3　Matlab 与 C 语言混合编程

数值计算多用 C/C++、Fortran 等计算机语言编写,这些语言在进行迭代计算方面效率极高。Matlab 作为一种科学计算软件,它具有功能强大、实用工具箱多的特点,但它本身是解释型语言,在处理含有大量循环语句时,速度较慢。如放弃它的应用工具箱,无疑是资源的浪费,而要将写好的 C/C++、Fortran 计算程序重新改写为 M 文件移植到 Matlab 中,不仅耗费时间和精力,而且常常会降低运行效率。这就要求将二者的优势结合起来进行程序的开发,混合编程是一个很好的途径,就是利用 Matlab 应用程序接口(API)来解决这些问题(李天昀、葛临东,2004;董维国,2006;刘志俭,2001)。关于这部分的较详细分析可参见附录1。本节采用两种语言的混合编程来求解泄漏反问题模型,此处给出其计算程序框图(见图2-15),该程序具有一定的通用性,能满足该问题在一般边界条件下的应用。

2.5.4　算例研究

上节2.4.2中是利用阀门扰动产生水击的第一个压力波来进行泄漏的辨识,本节将仍就此算例,利用遗传算法求解水力瞬变时域反问题分析模型辨识工况的泄漏。所不同的是,本例中的扰动不仅包含有瞬间关闭工况,而且也对缓慢关闭工况进行了数值研究。目标函数(2-44)中的实测值在数值模拟中是用 MOC 法提前计算得到的(即先假定不同的泄漏位置、泄漏量大小时,相同阀门扰动下,正向计算的压力值),这是因为考虑了非恒定摩阻的瞬变流模型能够比较准确地反映瞬变压力波的衰减,能够在研究中代替实测值(Lee et al,2005)。数值模拟计算时,两种工况的上游水位均为 25 m,管道初始流量为

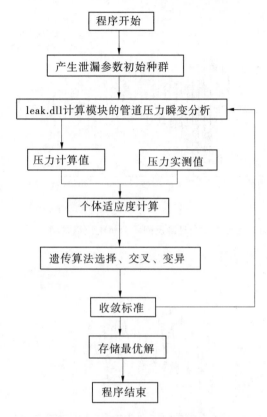

图 2-15　遗传算法辨识泄漏程序流程图

$0.02\ \mathrm{m^3/s}$，末端阀门均是在稳态持续 20 s 后动作，初始状态下的泄漏量相同，均为 2 L/s（用泄漏孔系数参数表示为 $C_dA_g=9\times10^{-5}$），不同的是泄漏位置及阀门关闭的速率，前者阀门快速线性关闭，关闭时间为 0.1 s，即 $0.1\ L/a$，实际泄漏孔位于距下游 250 m 处，后者阀门缓慢关闭，关闭时间为 4 s，即 $4\ L/a$，实际泄漏孔位于距下游 750 m 处。表 2-3 分别给出了这两种工况下按上节程序框图进行泄漏检测的辨识结果，其中模型中非恒定摩阻 k_3 为 0.014，遗传算法中的数据为 0～100 s 内的压头数据，其数据长度为 1 000 点。图 2-16、图 2-17 是两种工况下寻优计算结果的时域压头波形曲线。

表 2-3　泄漏检测时域模型遗传算法辨识结果

目标函数	实际泄漏工况	进化代数	泄漏位置	泄漏量	适应度
MOC 数据（快速关阀）	$l=0.75$	1	0.770 87	$2.519\ 2\times10^{-3}$	-12.866
	$Q_{l0}=10\%Q_0$	10	0.760 19	$1.935\ 7\times10^{-3}$	-1.871
	$Q_0=0.02\ \mathrm{m^3/s}$	100	0.752 31	$1.999\ 4\times10^{-3}$	$-5.982\ 1\times10^{-8}$
MOC 数据（缓慢关阀）	$l=0.25$	1	0.238 14	$2.059\ 8\times10^{-3}$	$-0.026\ 078$
	$Q_{l0}=10\%Q_0$	10	0.233 76	$2.334\ 2\times10^{-3}$	$-0.006\ 199\ 1$
	$Q_0=0.02\ \mathrm{m^3/s}$	100	0.236 02	$2.152\ 6\times10^{-3}$	$-0.001\ 827\ 4$

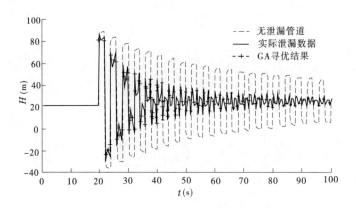

图 2-16 泄漏的瞬变时域反问题分析辨识结果（快速关阀）

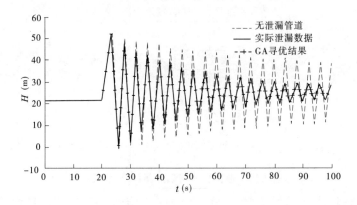

图 2-17 泄漏的瞬变时域反问题分析辨识结果（缓慢关阀）

由表 2-3 可知，阀门快速关闭下，当种群经过 100 代的进化后，寻优结果分别为 $l=0.752$，$Q_{l0}=9.997\%Q_0$，这与实际泄漏参数相当一致，定位偏差占管道全长的 0.2%，这表明遗传算法用于泄漏的时域反问题分析求解是充分有效的。后者阀门缓慢关闭时，最终的寻优结果分别为 $l=0.236$，$Q_{l0}=10.8\%Q_0$，即泄漏的定位偏差占管道全长的 1.4%，泄漏量略有偏差。整体来看，两种工况下泄漏辨识结果都令人满意。图 2-18 还给出了不同泄漏参数在不同阀门关闭速度下的时域压头对比，观察图 2-18（b），当阀门较缓慢关闭时，两种泄漏参数下（$l=0.25$，$Q_{l0}=10\%Q_0$ 和 $l=0.72$，$Q_{l0}=2.5\%Q_0$）的阀门处压力过程基本呈现相似的衰减和畸变规律，不过这种现象在图 2-18（a）即阀门快速关闭下并未出现，此时单个周期上压力峰值的畸变完全不同，也就是说在进行泄漏的瞬变反问题分析模型求解中，当阀门是缓慢关闭时，该模型的最优值不易获得或者说用该模型来辨识泄漏会失败，这一点也可在表 2-3 中的缓慢关闭工况辨识结果中发现，GA 辨识结果与实际泄漏位置的偏差为 14 m，远高于快速关闭下的 2 m。可以这样认为，利用阀门扰动产生激励信号用于泄漏反问题辨识，快速扰动比缓慢扰动效果更加明显，或者说，缓慢关阀可用来判断系统管道是否泄漏，而快速关阀用来进行泄漏参数的定位和辨识。

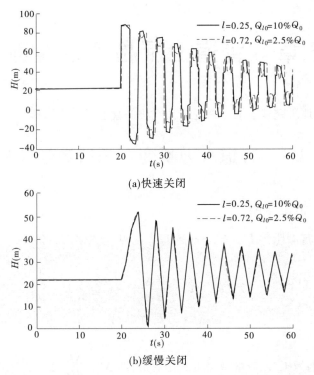

图 2-18　泄漏参数在不同阀门关闭速度下的时域压头对比

2.6　小　结

本章研究了瞬变流非恒定摩阻模型,并以此建立了泄漏的瞬变反问题时域分析模型,利用遗传优化算法求解。

首先阐述了管道流体流动的基本假设和控制方程,总结了目前泄漏检测瞬变分析计算管道非恒定流所涉及的非恒定摩阻模型。

分析了 IAB 模型的特点,给出了特征线插值网格和该模型的离散求解方法。将 IAB 模型应用于文献数据和典型算例,研究表明该模型能够更加真实地反映实际压力波的波形畸变和衰减过程。

分析了两种激励边界条件下,不同泄漏参数存在时对瞬变水击波的影响。因不同参数在阀门瞬间、缓慢关闭下对瞬变波形的影响不同,对于阀门瞬间关闭,通过不计算管道内部计算断面的特征线法理论推导出了反映泄漏量大小的参数在时域中的表达式,利用瞬变第一个水击波来辨识泄漏,算例表明该方法简单、有效。

用遗传优化算法结合瞬变反问题时域分析模型对建立的目标函数进行求解,给出了数值计算程序流程图,通过算例研究了两种激励边界条件下该算法的寻优效果,结果良好,同时发现快速关阀比缓慢关阀更加适宜于应用到基于水力瞬变时域分析的管道泄漏检测方法中。

本章研究为后续研究泄漏检测全频域法奠定了基础。

第3章　管道泄漏检测的全频域法

本章将系统地研究基于水力瞬变全频域法的管道泄漏检测理论和方法。

3.1　管道水力瞬变全频域数学模型

3.1.1　考虑非恒定摩阻

将考虑非恒定摩阻的 IAB 模型在稳态工况点线性化，并将变量用相对值表示，得到如下方程：

$$\frac{\partial(\Delta h)}{\partial l} + \left[\, T_w(k_3 + 1)\,\right] \frac{\partial(\Delta q)}{\partial t} + \kappa \Delta q + M\frac{\partial(\Delta q)}{\partial l} = 0 \qquad (3\text{-}1)$$

$$\frac{\partial(\Delta h)}{\partial l} + \frac{T_w}{T_l^2}\frac{\partial(\Delta q)}{\partial l} = 0 \qquad (3\text{-}2)$$

式中：Δh、Δq 分别为压头、流量微增量的相对值，即 $\Delta h = \dfrac{\Delta H}{H_r}$，$\Delta q = \dfrac{\Delta Q}{Q_r}$，$\Delta H = H - H_0$，$\Delta Q = Q - Q_0$，$H$ 为压头，Q 为流量，同前面章节，下标 r 表示基准值，下标 0 表示初始工况；l 为管长相对值，即 $l = \dfrac{x}{L}$，其中 x 为离开管道进口的距离，L 为管长；T_l 为管道水击半反射时间，即 $T_l = \dfrac{L}{a}$；T_w 为水流惯性时间常数，即 $T_w = \dfrac{Q_r L}{gAH_r}$；系数 $\kappa = \dfrac{f|Q_0|Q_r L}{gDA^2 H_r}$，$M = -\dfrac{kaQ_r}{gAH_r}$。

对式(3-1)、式(3-2)取拉氏变换，约定当方程中有算子 s 时，方程中的变量就代表拉氏变换函数，如 $\Delta h = \Delta h(l,s)$。则上述方程可转化为常微分方程：

$$\frac{\mathrm{d}(\Delta h)}{\mathrm{d}l} + M\frac{\mathrm{d}(\Delta q)}{\mathrm{d}l} + \left[\, T_w(k_3 + 1)s + \kappa\,\right]\Delta q = 0 \qquad (3\text{-}3)$$

$$s\Delta h + \frac{T_w}{T_l^2}\frac{\mathrm{d}(\Delta q)}{\mathrm{d}l} = 0 \qquad (3\text{-}4)$$

式(3-4)对 l 求导并联立式(3-3)，得到 Δq 的二次方程，其特征方程的根为

$$r_{1,2} = \frac{MsT_l^2/T_w \pm T_l s\sqrt{M^2 T_l^2/T_w^2 + 4(k_3 + 1) + 4\kappa/T_w s}}{2} \qquad (3\text{-}5)$$

于是解得

$$\Delta q(l,s) = C_1 \mathrm{e}^{r_1 l} + C_2 \mathrm{e}^{r_2 l},\ \Delta h(l,s) = -\frac{T_w}{T_l^2 s}(C_1 r_1 \mathrm{e}^{r_1 l} + C_2 r_2 \mathrm{e}^{r_2 l}) \qquad (3\text{-}6)$$

考虑如下边界条件 $\Delta h(0,s)$ 和 $\Delta q(0,s)$，即 Δh_U 和 Δq_U，下标 U 表示上游，并令 $\Phi = -\dfrac{T_w}{T_l^2 s}$，则有

$$C_1 = \frac{\Delta h_U - \Phi r_2 \Delta q_U}{\Phi(r_1 - r_2)}, \quad C_2 = \frac{\Delta h_U - \Phi r_1 \Delta q_U}{\Phi(r_2 - r_1)} \tag{3-7}$$

将上式代入式(3-6),得

$$\Delta h(l,s) = \frac{\Delta h_U - \Phi r_2 \Delta q_U}{r_1 - r_2} r_1 e^{r_1 l} + \frac{\Delta h_U - \Phi r_1 \Delta q_U}{r_2 - r_1} r_2 e^{r_2 l} \tag{3-8}$$

$$\Delta q(l,s) = \frac{\Delta h_U - \Phi r_2 \Delta q_U}{\Phi(r_1 - r_2)} e^{r_1 l} + \frac{\Delta h_U - \Phi r_1 \Delta q_U}{\Phi(r_2 - r_1)} e^{r_2 l} \tag{3-9}$$

当 $l = 1$,即 $x = L$ 时可得到管道末端阀门处的复压头和复流量。这就把任意位置压头、流量随时间变化的函数转化到复频域中,该函数是用管道参数和边界条件表示的代数方程组。

当管道进出口边界条件各提供一个已知量时,假设为 $(\Delta h_U, \Delta q_D$,阀门扰动加在下游),那么对应于管道进出口的未知边界条件由方程(3-9)($l = 1$)可反解出 Δq_U,于是对于任意位置 l,由 Δh_U、Δq_U 代入上述两个方程易得任意位置 l 处的压头和流量。

3.1.2　不考虑非恒定摩阻

不考虑非恒定摩阻时,特征方程的特征根即式(3-5)变为

$$r_1 = r_2 = T_l s \sqrt{1 + \frac{\kappa}{T_w s}} \tag{3-10}$$

则式(3-8)和式(3-9)可改写为

$$\Delta h(l,s) = \Delta h = \Delta h_U \cosh\gamma l - \frac{T_w \gamma}{s T_l^2} \Delta q_U \sinh\gamma l \tag{3-11}$$

$$\Delta q(l,s) = \Delta q = -\frac{s T_l^2}{T_w \gamma} \Delta h_U \sinh\gamma l + \Delta q_U \cosh\gamma l \tag{3-12}$$

式中: $\gamma = T_l s \sqrt{1 + \dfrac{\kappa}{T_w s}}$ 。

式(3-11)和式(3-12)的矩阵方程是

$$X = P X_U \tag{3-13}$$

式中:

$$X = \begin{bmatrix} \Delta q \\ \Delta h \end{bmatrix}, P = \begin{bmatrix} \cosh\gamma l & -\dfrac{j\omega T_l^2}{T_w \gamma}\sinh\gamma l \\ -\dfrac{T_w \gamma}{j\omega T_l^2}\sinh\gamma l & \cosh\gamma l \end{bmatrix}, X_U = \begin{bmatrix} \Delta q_U \\ \Delta h_U \end{bmatrix} \tag{3-14}$$

习惯上,式(3-13)称为管道的场矩阵方程,P 称为场矩阵。

当管道进出口边界条件各提供一个已知量时,假设为 $(\Delta h_U, \Delta q_D$,阀门扰动加在下游),那么对应于管道进出口的未知边界条件由矩阵方程(3-13)可得

$$\Delta h_D = \Delta h_U \cosh\gamma + A\gamma\sinh\gamma \frac{\Delta q_D - \dfrac{1}{A\gamma}\Delta h_U \sinh\gamma}{\cosh\gamma} \tag{3-15}$$

$$\Delta q_U = \frac{\Delta q_D - \dfrac{1}{A\gamma}\Delta h_U \sinh\gamma}{\cosh\gamma} \tag{3-16}$$

那么当管道无泄漏时,以管道进口作为计算距离的零点,任意组合边界条件代入场矩阵方程,易得任意位置 l 处的压头和流量。

3.2　离散函数的频域模型

3.2.1　实测数据的频域变换

管道泄漏检测的时域或频域分析中的重要一步是把检测点实测信号与理论值比较。在一般情况下实测信号是时域物理量,通常是在采样总时间范围 $[0,t_N]$ 内的一个有序的离散时间点 $t_i(i=0,1,\cdots,N-1,N)$ 上的测量值,如压力 P_{t_i}、流量 Q_{t_i} 等。以前的做法是将理论频域函数通过付氏逆变换到时域,再与实测值比较,但这在管道系统复杂时是很困难的。为了在频域中分析,必须解决实测离散时域函数的频域变换。

拉氏变换的定义式是在半无穷 $(0,\infty)$ 上的函数变换,当对测量数据作拉氏变换时,可按照时间轴对数据进行分段,即把整个半无穷时间区间分成 $[0,t_N]$ 和 (t_N,∞) 两个部分,测量变量在 (t_N,∞) 上为稳态值,即一常量,那么离散数据的拉普拉斯变换可以写成如下形式

$$L[u(t)] = u(s) = \int_0^{+\infty} u(t)\mathrm{e}^{-st}\mathrm{d}t = \int_0^{t_N} u(t)\mathrm{e}^{-st}\mathrm{d}t + \int_{t_N}^{+\infty} u(t)\mathrm{e}^{-st}\mathrm{d}t \tag{3-17}$$

由于信号 $u(t)$ 在 (t_N,∞) 上为稳态,后者可以直接积出,以下给出第一个积分的算法。

3.2.1.1　阶梯信号等效算法

实测的水压或者流量信号 u 如图 3-1(a)所示,是检测周期 T 的离散函数。由于微机采样时间 T 非常短,可以用图 3-1(b)连续阶梯函数近似。图 3-1 连续阶梯函数的数学描述是

$$u(t) = u(iT) = u_i, \quad iT \leqslant t \leqslant (i+1)T, \quad i = 0,1,2,\cdots \tag{3-18}$$

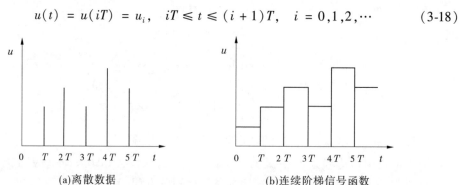

　　　　(a)离散数据　　　　　　　　　　　　(b)连续阶梯信号函数

图 3-1　离散数据采样示意

根据拉式变换的定义,函数 $f(t)$ 的拉式变换是

$$L[u(t)] = \int_0^\infty u(t)e^{-st}dt = \int_0^T u_0 e^{-st}dt + \int_T^{2T} u_1 e^{-st}dt + \int_{2T}^{3T} u_2 e^{-st}dt + \cdots \quad (3\text{-}19)$$

即

$$L[u(t)] = u_0 \frac{1-e^{-Ts}}{s} + u_1 \frac{1-e^{-Ts}}{s}e^{-Ts} + u_2 \frac{1-e^{-Ts}}{s}e^{-2Ts} + \cdots = \frac{1-e^{-Ts}}{s}\sum_{i=0}^\infty u_i e^{-iTs}$$

$$(3\text{-}20)$$

对于实际的水击过程,持续时间较短,即式(3-20)的无穷级数可以用有限级数表示为

$$L[u(t)] = \frac{1-e^{-Ts}}{s}\sum_{i=0}^n u_i e^{-iTs} \quad (3\text{-}21)$$

式中:n = 整数。

3.2.1.2　直线求解算法

为了避免阶梯信号等效斜线信号带来的误差,可直接对斜线时域信号变换求解。如图 3-1 所示信号,当 $0 < t \leqslant T$ 时,首先可写出信号在这段时间间隔内的时域函数表达式

$$u(t) = \frac{u(T)}{T}t[\varepsilon(t) - \varepsilon(t-T)] \quad (3\text{-}22)$$

式中:$\varepsilon(t)$ 表示单位阶跃信号。

式(3-22)的拉氏变换为

$$L[u(t)] = \frac{u(T)}{T}\frac{[1-(1+Ts)e^{-Ts}]}{s^2} \quad (3\text{-}23)$$

类似地,当 $kT < t \leqslant (k+1)T$ 时

$$u(t) = \left\{u(kT) + \frac{u[(k+1)T] - u(kT)}{T}(t-kT)\right\}\left\{\varepsilon(t-kT) - \varepsilon[t-(k+1)T]\right\}$$

$$(3\text{-}24)$$

式中:$\dfrac{u[(k+1)T] - u(kT)}{T}$ 为信号两点之间直线的斜率。

式(3-24)的拉氏变换为

$$L[u(t)] = \frac{u(kT)}{s}e^{-kTs} + \frac{u[(k+1)T] - u(kT)}{T}\left[\frac{e^{-kTs} - e^{-(k+1)Ts}}{s^2}\right] - \frac{u[(k+1)T]}{s}e^{-(k+1)Ts}$$

$$(3\text{-}25)$$

于是时间轴 $[0, t_N]$ 上的信号可写为

$$u(t) = \sum_{k=0}^\infty \left\{u(kT) + \frac{u[(k+1)T] - u(kT)}{T}(t-kT)\right\}\left\{\varepsilon(t-kT) - \varepsilon[t-(k+1)T]\right\}$$

$$(3\text{-}26)$$

分项展开求各项的拉普拉斯变换得到:

$$L[u(t)] = L\left\{\sum_{k=0}^\infty \left\{u(kT) + \frac{u[(k+1)T] - u(kT)}{T}(t-kT)\right\}\left\{\varepsilon(t-kT) - \varepsilon[t-(k+1)T]\right\}\right\}$$

$$= \sum_{k=0}^\infty \int_{kT}^{(k+1)T}\left\{u(kT) + \frac{u[(k+1)T] - u(kT)}{T}(t-kT)\right\}\left\{\varepsilon(t-kT) - \varepsilon[t-(k+1)T]\right\}e^{-st}dt$$

$$= \sum_{k=0}^{\infty} \left\{ \frac{u(kT)}{s} e^{-kTs} + \frac{u[(k+1)T] - u(kT)}{T} \frac{\left[e^{-kTs} - e^{-(k+1)Ts} \right]}{s^2} - \frac{u[(k+1)T]}{s} e^{-(k+1)Ts} \right\}$$

$$(3-27)$$

实际计算时,令 $s = j\omega$,由式(3-21)或式(3-27)即可得到离散函数的频域模型。

3.2.2　算法实现

观察式(3-21)和式(3-27),发现两种算法都比较容易进行计算,尤其适合于在计算机上通过程序处理,这里给出一个算例来说明。某次泄漏检测试验在末端阀门突然关闭情况下实测压头的时域波形和 MOC 法计算幅值波形如图 3-2 所示,即离散数据 1 和离散数据 2,相应的拉氏变换按照阶梯信号等效算法,即式(3-21)进行计算,结果见图 3-2。分别用阶梯信号等效法和直线求解算法即式(3-27)对离散数据 2 进行频域变换,两种算法的计算结果对比见图 3-3。从计算中看出,两种结果的 *MSE* 为 10^{-5} 数量级,尤其在 $\omega < 80$

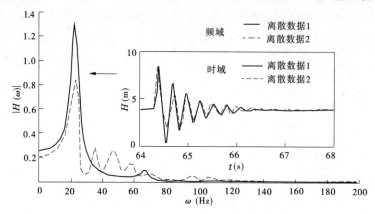

图 3-2　某两组时域离散数据的频域变换

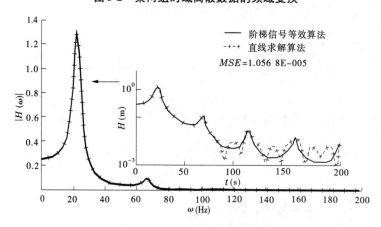

图 3-3　两种频域变换算法的对比

时,两种计算方法差别很小。另外,阶梯等效算法在程序运行过程中所耗时间比直线求解算法少,所以,用该法来计算实测数据的拉氏变换可以满足工程实际需要,它适合进行泄漏检测时域离散函数的频域变换。

3.3　激励信号的频域模型

3.3.1　阀门线性关闭

假设管道出口阀门流量的变化是

$$Q = \begin{cases} Q_0 & t = 0 \\ Q_0 - \dfrac{Q_0 t}{T_0} & 0 < t < T_0 \end{cases} \qquad (3\text{-}28)$$

式中:Q_0 为初始流量。

如图 3-4 所示,若关闭时间 $T_0 = 0$,即为瞬间关闭,那么阀门引起的流量变化类似一阶跃信号,即流量相对值为

$$\Delta q(1,t) = \begin{cases} 0 & t = 0 \\ -1 & t > 0 \end{cases} \qquad (3\text{-}29)$$

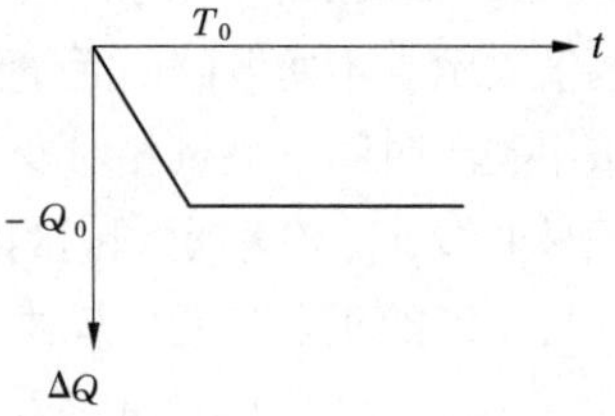

将上式进行频域变换,可得

$$\Delta q(1,s) = -\frac{1}{s} \qquad (3\text{-}30)$$

仍令 $s = j\omega$,上式变为

$$\Delta q(1,s) = \frac{j}{\omega} \qquad (3\text{-}31)$$

定义 $T_c = \dfrac{2L}{a}$ 为管道特征时间,$T_{th} = \dfrac{4L}{a}$ 为管道理论固有周期,$\omega_{th} = \dfrac{2\pi}{T_{th}} = \dfrac{\pi a}{2L}$ 为理论固有频率,$\omega_r = \dfrac{\omega}{\omega_{th}}$ 为无量纲频率比,其中 ω 为频率,$t_{0r} = \dfrac{T_0}{T_c}$ 为无量纲阀门关闭时间。

于是 $\omega = \omega_r \cdot \omega_{th} = \dfrac{\pi \omega_r}{T_c}$,式(3-31)可写为

$$\Delta q(1,s) = \frac{T_c \cdot j}{\pi \omega_r} \qquad (3\text{-}32)$$

其频域幅值模函数为

$$|\Delta q(1,s)| = \left| \frac{T_c}{\pi \omega_r} \right| \qquad (3\text{-}33)$$

若 $T_0 \neq 0$,即为线性关闭,那么阀门引起的流量变化量可表示为

$$\Delta Q = \begin{cases} 0 & t = 0 \\ -\dfrac{Q_0 t}{T_0} & 0 < t \leqslant T_0 \end{cases} \qquad (3\text{-}34)$$

用相对值表示,式(3-34)变为

$$\Delta q(1,t) = -\frac{1}{T_0} t \cdot [\varepsilon(t) - \varepsilon(t - T_0)] - 1 \cdot \varepsilon(t - T_0) \qquad (3\text{-}35)$$

图 3-4　下游流量过程

仍将上式取频域变换,可得

$$\Delta q(1,s) = \frac{e^{-sT_0} - 1}{s^2 T_0} \tag{3-36}$$

上式可写为

$$\Delta q(1,s) = \frac{T_c \cdot (e^{-j\pi t_{0r}\omega_r} - 1)}{\pi\omega_r} \tag{3-37}$$

于是幅值可表示为

$$|\Delta q(1,s)| = \left| \frac{T_c}{\pi\omega_r} \cdot \frac{\sqrt{2 - 2\cos\pi t_{0r}\omega_r}}{\pi t_{0r}\omega_r} \right| \tag{3-38}$$

式(3-33)和式(3-38)即末端阀门线性关闭产生流量扰动变化过程的频域模型,这里仅用幅值表示。不妨取阀门无量纲关闭时间依次为$t_{0r} = 0, 0.1, 0.2, 0.5, 0.8, 1$,图3-5(a)给出了该组关闭时间下流量相对变化量随无量纲时间的变化过程,其中图3-5(b)是相应变换后的频域曲线,$t_{0r} = 0$表示阀门的瞬间关闭,其他时间表示线性关闭。观察式(3-38),幅值函数应呈现一定的正余弦变化规律,这与图3-5(b)的表现一致,从图中还可看出,对于阀门快速线性关闭($t_{0r} < 1$),只要$\omega_r < 2/t_{0r}$,那么线性关闭的频域变换与瞬间关闭$t_{0r} = 0$的频域变换的变化趋势一致,都是单调递减,也就是说频域幅值在一定ω_r范围内是随之单调变化的,一旦$\omega_r > 2/t_{0r}$,随着ω_r的增大,二者变化趋势非一致。可得出的结论是,阀门快速线性关闭在$\omega_r < 2/t_{0r}$时能够看成是瞬间关闭,它们具有一致的单调性。

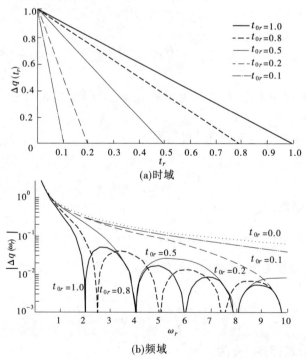

(a)时域

(b)频域

图3-5　流量相对变化量随阀门不同的无量纲关闭时间的时频曲线

3.3.2　阀门周期正弦扰动

阀门周期性的正弦扰动也是研究管道泄漏的一种常见激励方式,当阀门无量纲位置是正弦扰动边界条件时,设扰动的变化量为 τ',则 $\tau = \tau_0 + \tau'$,式中 $\tau' = Re(d\tau \cdot e^{i\omega t})$,$Re$ 表示实部,复数 $d\tau$ 描述阀门运动的振幅和相角。将阀门流量方程线性化,可得阀上游侧的传递矩阵方程为

$$\frac{H_V}{Q_V} = \frac{2H_{V0}}{Q_{V0}} - \frac{2H_{V0}}{\tau_0}\frac{d\tau}{Q_V} \tag{3-39}$$

式中:下标 0 表示的参数均为实数,其他为复数,于是

$$Q_V = \frac{d\tau \dfrac{2H_{V0}}{\tau_0}}{\dfrac{2H_{V0}}{Q_{V0}} - \dfrac{H_V}{Q_V}} \tag{3-40}$$

由管道矩阵方程可定义传递函数为

$$Z = \frac{\Delta h}{\Delta q} \tag{3-41}$$

则

$$Z_V = \frac{H_V}{Q_V} \cdot \frac{Q_r}{H_r} \tag{3-42}$$

将式(3-42)代入式(3-40)得

$$Q_V = \frac{d\tau \dfrac{2H_{V0}}{\tau_0}}{\dfrac{2H_{V0}}{Q_{V0}} - \dfrac{Z_V H_r}{Q_r}} \tag{3-43}$$

对管道系统来说,阀上游侧传递函数 Z_V 必须等于系统下游末端点(以水库为上游)的传递函数 Z_D,将式(3-43)用相对值表示,有

$$\Delta q_V = \Delta q(1,s) = \frac{\dfrac{d\tau}{\tau_0}\dfrac{2H_{V0}}{H_r}}{\dfrac{2H_{V0}}{Q_{V0}}\dfrac{Q_r}{H_r} - Z_D} \tag{3-44}$$

3.4　泄漏边界条件频域模型

3.4.1　泄漏边界条件

简单输水系统如图 2-3 所示,当管道泄漏时,一般将泄漏视为孔口出流,泄漏量可描述为

$$\frac{Q_l}{Q_{l0}} = \frac{C_l A_l}{C_{l0} A_{l0}}\frac{\sqrt{H_l - Z_l}}{\sqrt{H_{l0} - Z_l}} \tag{3-45}$$

式中：Q_l 为泄漏流量；H_l 为泄漏点测压管水头；Z_l 为泄漏点位置高程；C_l、A_l 分别为泄漏孔的流量系数和面积。

在已知初始稳态泄漏流量 Q_{l0} 的条件下，任意时刻泄漏流量可由式（3-45）确定。

将式（3-45）线性化，可得

$$\Delta q_l = \tau \Delta h_l \tag{3-46}$$

式中：

$$\Delta q_l = \frac{\Delta Q_l}{Q_r}, \Delta h_l = \frac{\Delta H_l}{H_r}, \tau = \frac{H_r Q_{l0}}{2(H_{l0} - Z_l)Q_r}$$

在泄漏检测过程中，泄漏相对位置 l 和初始泄漏流量 Q_{l0} 是未知量。

在泄漏点处，连续性方程为

$$Q_{l,u} - Q_{l,d} = Q_l \tag{3-47}$$

式中：$Q_{l,u}$ 为泄漏点上游断面管道流量；$Q_{l,d}$ 为泄漏点下游断面管道流量。

线性化后可表示为

$$\Delta q_{l,u} - \Delta q_{l,d} = \Delta q_l \tag{3-48}$$

式中：

$$\Delta q_{l,u} = \frac{\Delta Q_{l,u}}{Q_r}, \Delta q_{l,d} = \frac{\Delta Q_{l,d}}{Q_r} \tag{3-49}$$

将式（3-46）代入式（3-48）得

$$\Delta q_{l,u} - \Delta q_{l,d} = \tau \Delta h_l \tag{3-50}$$

因为

$$\Delta h_l = \Delta h_{l,u} = \Delta h_{l,d} \tag{3-51}$$

所以式（3-50）和式（3-51）可用节点的点矩阵方程描述为

$$X_{i+1} = A_i X_i \tag{3-52}$$

式中：

$$X_{i+1} = \begin{bmatrix} \Delta q_{l,d} \\ \Delta h_{l,d} \end{bmatrix}, A_i = \begin{bmatrix} 1 & -\tau \\ 0 & 1 \end{bmatrix}, X_i = \begin{bmatrix} \Delta q_{l,u} \\ \Delta h_{l,u} \end{bmatrix} \tag{3-53}$$

式中：矩阵 A_i 为泄漏点矩阵。

由传递函数定义 $Z = \dfrac{\Delta h}{\Delta q}$，则泄漏孔左右断面的传递函数关系可表示为

$$Z_d = \frac{Z_u}{1 - \tau Z_u} \tag{3-54}$$

3.4.2　泄漏点与管道进出口边界条件频域函数关系

如图 3-6 所示管道系统，有三个节点①、②、③，分别代表管道进口、泄漏点、管道出口，根据对管道场矩阵方程和泄漏点矩阵方程的定义，此系统进出口边界条件的关系为：

$$X_D = A_3 X_d = A_3(A_2 X_u) = A_2 A_3(A_1 X_U) = A_1 A_2 A_3 X_U = AX_U \tag{3-55}$$

式中：下标 U 为管道进口，u 为泄漏点上游（左侧）断面，d 为泄漏点下游（右侧）断面，与上节类似，D 为管道出口断面，下标 $1 \sim 3$ 表示管道编号，其中泄漏点被视为管道 2，各系

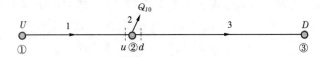

图 3-6 泄漏检测原理示意图

数分别为

$$X_D = \begin{bmatrix} q_D \\ h_D \end{bmatrix}, A = A_1 A_2 A_3 = \begin{bmatrix} a_{11} & a_{12} \\ a_{21} & a_{22} \end{bmatrix}, X_U = \begin{bmatrix} q_U \\ h_U \end{bmatrix} \qquad (3-56)$$

将场方程(3-14)代入,可得系数矩阵 A 为

$$A = \begin{bmatrix} \cosh\gamma_1 l_1 & \dfrac{j\omega T_{l,1}^2}{T_{w,1}\gamma_1}\sinh\gamma_1 l_1 \\ -\dfrac{T_{w,1}\gamma_1}{j\omega T_{l,1}^2}\sinh\gamma_1 l_1 & -\cosh\gamma_1 l_1 \end{bmatrix} \begin{bmatrix} 1 & -\tau \\ 0 & 1 \end{bmatrix} \begin{bmatrix} \cosh\gamma_3 l_3 & \dfrac{j\omega T_{l,3}^2}{T_{w,3}\gamma_3}\sinh\gamma_3 l_3 \\ -\dfrac{T_{w,3}\gamma_3}{j\omega T_{l,3}^2}\sinh\gamma_3 l_3 & -\cosh\gamma_3 l_3 \end{bmatrix}$$

$$(3-57)$$

从式(3-57)可得一个定律:串联管道总的场矩阵,等于串联管道场矩阵的积。

式(3-55)~式(3-57)就是泄漏点与管道进出口边界条件的函数关系式,其中系数 τ 是初始泄漏流量 Q_{l0} 和泄漏位置 l 的函数。对图 3-6 所示系统,若以管道进口作为计算距离的零点,泄漏位置 $l = l_1$,若管道特征长度取管长,则有 $l_1 + l_3 = 1$。

3.5 管道泄漏检测的全频域法

观察泄漏点与管道进出口边界条件的函数关系式(3-55)~式(3-57)可知,当管道进出口边界条件各提供一个已知量,在给定初始泄漏流量和泄漏位置的条件下,即 τ、l 已知,则对于管道进出口的未知边界条件可以解出。换句话说,未知边界条件的频域特性是 τ 和泄漏位置 l 的函数。在已知管道两端边界条件的情况下,管道任意点 y 安装泄漏检测传感器位置的理论压力 Δh 或者流量 Δq 可由式(3-13)解出,它们只是位置坐标和泄漏参数的频域函数,即 $\Delta h(y, \tau, s)$ 或者 $\Delta q(y, \tau, s)$,是复数。下面将导出任意位置处压头和流量的频域表达式。

3.5.1 不考虑非恒定摩阻

场矩阵方程可写为

$$\Delta h = \Delta h_U \cosh\gamma l + \Phi\gamma\Delta q_U \sinh\gamma l \qquad (3-58)$$

$$\Delta q = \frac{1}{\Phi\gamma}\Delta h_U \sinh\gamma l + \Delta q_U \cosh\gamma l \qquad (3-59)$$

由定义 $Z = \dfrac{\Delta h}{\Delta q}$ 得任意位置处的传递函数为

$$Z(l, s) = \frac{Z_U + \Phi\gamma\tanh\gamma l}{1 + \dfrac{Z_U}{\Phi\gamma}\tanh\gamma l} \qquad (3-60)$$

有泄漏孔时,若泄漏孔距离上游位置为 $l(0<l<1)$,则距下游为 $1-l$,考虑管道上游到泄漏孔之间的管段如图 3-6 所示,孔口左断面的传递函数可表示为

$$\tilde{Z}_u = \frac{\Delta h_u}{\Delta q_u} = \frac{Z_U + \varPhi\gamma\tanh\gamma l}{1 + \dfrac{Z_U}{\varPhi\gamma}\tanh\gamma l} \tag{3-61}$$

由泄漏边界条件频域模型即式(3-54)

$$Z_d = \frac{Z_u}{1 - \tau Z_u} \tag{3-62}$$

考虑孔口右断面和阀门间的管道,类似于式(3-61)得

$$Z_D = \frac{Z_d + \varPhi\gamma\tanh\gamma(1-l)}{1 + \dfrac{Z_d}{\varPhi\gamma}\tanh\gamma(1-l)} \tag{3-63}$$

因阀门扰动加在下游阀门处,则 Δq_D 已知,对应的未知边界条件

$$\Delta h_D = Z_D\Delta q_D \tag{3-64}$$

这样,由式(3-61)~式(3-64)即可得到管出口处的未知压头边界条件,将上述计算的包含泄漏信息的边界条件 $(\Delta q_D,\Delta h_D)$ 代入场方程(3-58)、方程(3-59)反解出任意位置 y(以管道下游阀门为起点,y 给定)处的压头和流量为

$$\Delta h(y,l,\tau,s) = \Delta q_D(Z_D\cosh\gamma y - \varPhi\gamma\sinh\gamma y) \tag{3-65}$$

$$\Delta q(y,l,\tau,s) = \Delta q_D\left(-\frac{Z_D}{\varPhi\gamma}\sinh\gamma y + \cosh\gamma y\right) \tag{3-66}$$

3.5.2　考虑非恒定摩阻

当考虑非恒定摩阻,无泄漏时,任意位置 l 处的压头、流量为

$$\Delta h(l,s) = \frac{\Delta h_U - \varPhi r_2\Delta q_U}{r_1 - r_2}r_1 e^{r_1 l} + \frac{\Delta h_U - \varPhi r_1\Delta q_U}{r_2 - r_1}r_2 e^{r_2 l} \tag{3-67}$$

$$\Delta q(l,s) = \frac{\Delta h_U - \varPhi r_2\Delta q_U}{\varPhi(r_1 - r_2)}e^{r_1 l} + \frac{\Delta h_U - \varPhi r_1\Delta q_U}{\varPhi(r_2 - r_1)}e^{r_2 l} \tag{3-68}$$

于是

$$\frac{\Delta h(l,s)}{\Delta q(l,s)} = \varPhi\frac{\dfrac{\Delta h_U - \varPhi r_2\Delta q_U}{\varPhi(r_1 - r_2)}r_1 e^{r_1 l} + \dfrac{\Delta h_U - \varPhi r_1\Delta q_U}{\varPhi(r_2 - r_1)}r_2 e^{r_2 l}}{\dfrac{\Delta h_U - \varPhi r_2\Delta q_U}{\varPhi(r_1 - r_2)}e^{r_1 l} + \dfrac{\Delta h_U - \varPhi r_1\Delta q_U}{\varPhi(r_2 - r_1)}e^{r_2 l}}$$

$$\tag{3-69}$$

得任意位置处的传递函数

$$Z(l,s) = \varPhi\frac{(Z_U - r_2\varPhi)r_1 e^{r_1 l} - (Z_U - r_1\varPhi)r_2 e^{r_2 l}}{(Z_U - r_2\varPhi)e^{r_1 l} - (Z_U - r_1\varPhi)e^{r_2 l}} \tag{3-70}$$

有泄漏孔时,若泄漏孔距离上游位置为 $l(0<l<1)$,则距下游为 $1-l$,考虑管道上游到泄漏孔之间的管段,孔口左断面的传递函数可表示为

$$Z_u = \Phi \frac{(Z_U - r_2\Phi)r_1 e^{r_1 l} - (Z_U - r_1\Phi)r_2 e^{r_2 l}}{(Z_U - r_2\Phi)e^{r_1 l} - (Z_U - r_1\Phi)e^{r_2 l}}$$

$$(3-71)$$

考虑孔口右断面和阀门间的管道,由式(3-70)得

$$Z_D = \frac{\Phi(Z_d - \Phi r_2)r_1 e^{r_1(1-l)} - \Phi(Z_d - Ar_1)r_2 e^{r_2(1-l)}}{(Z_d - \Phi r_2)e^{r_1(1-l)} - (Z_d - \Phi r_1)e^{r_2(1-l)}} \qquad (3-72)$$

联立式(3-54),则对应的未知边界条件为

$$\Delta h_D = Z_D \Delta q_D \qquad (3-73)$$

同上节,将上述计算的包含泄漏信息的边界条件(Δq_D,Δh_D)代入方程(3-67)、方程(3-68)反解出任意位置 y(以管道下游阀门为起点,y 给定)处的压头和流量为

$$\Delta h(y,l,\tau,s) = \frac{\Delta q_D(Z_D Z_1 Z_5 - \Phi Z_1 Z_3)}{Z_2 Z_5 - Z_3 Z_4} \qquad (3-74)$$

$$\Delta q(y,l,\tau,s) = -\frac{\Delta q_D(Z_D Z_1 Z_4 - Z_1 Z_2)}{Z_2 Z_5 - Z_3 Z_4} \qquad (3-75)$$

式中:$Z_1 = r_1 - r_2$,$Z_2 = r_1 e^{r_1 y} - r_2 e^{r_2 y}$,$Z_3 = r_1 r_2 e^{r_2 y} - r_1 r_2 e^{r_1 y}$,$Z_4 = e^{r_1 y} - e^{r_2 y}$,$Z_5 = r_1 e^{r_2 y} - r_2 e^{r_1 y}$。

这就将水力元件的特性即泄漏孔的两个参数(位置和大小)反映在管系的模型中,得到任意位置处包含泄漏信息的压头和流量的频域表达式。令 $s = j\omega$,$j = \sqrt{-1}$,一个物理量的频域特性可以用幅频特性和相频特性描述,例如物理量是水压,其频域特性为

$$\Delta h(y,l,\tau,\omega) = \mu(y,l,\tau,\omega) + j\eta(y,l,\tau,\omega) \qquad (3-76)$$

式中:$\mu(y,l,\tau,\omega) = \Delta h(y,l,\tau,\omega)$ 的实部,$\eta(y,l,\tau,\omega) = \Delta h(y,l,\tau,\omega)$ 的虚部,Δh 是泄漏位置 l 和包含泄漏量参数 τ 的频域函数,则其幅频特性为

$$B(y,l,\tau,\omega) = \sqrt{\mu^2(y,l,\tau,\omega) + \eta^2(y,l,\tau,\omega)} \qquad (3-77)$$

相频特性为

$$\varphi(y,l,\tau,\omega) = \tan^{-1}\left[\frac{\eta(y,l,\tau,\omega)}{\mu(y,l,\tau,\omega)}\right] \qquad (3-78)$$

在频域泄漏检测过程中,说一个点是泄漏点,是指在给定的泄漏位置和初始泄漏流量条件下,同一位置同名物理量(水压或流量)的理论计算频域特性与实测频域特性完全相同,或者最接近。类似于第 2 章泄漏的瞬变时域反问题分析,泄漏检测过程可以转化为参数的优化过程,其目标函数可以是

$$I_1 = \int_0^{\omega_{\max}} \sum_{i \leqslant k} \left\{ c_{1,i} \left| B_i(y,l,\tau,\omega) - B_{m,i}(\omega) \right| + c_{2,i} \left| \varphi_i(y,l,\tau,\omega) - \varphi_{m,i}(\omega) \right| \right\} d\omega$$

$$(3-79)$$

或者

$$I_2 = \int_0^{\omega_{\max}} \sum_{i \leqslant k} \left\{ c_{1,i} \left[B_i(y,l,\tau,\omega) - B_{m,i}(\omega) \right]^2 + c_{2,i} \left[\varphi_i(y,l,\tau,\omega) - \varphi_{m,i}(\omega) \right]^2 \right\} d\omega$$

$$(3-80)$$

式中:I 为目标函数(与时域的 E 区别);τ、l 是优化决策变量,是未知量;下标 m 为传感器实测量;系数 c 为加权系数,为正数,一般情况可取 $c_{1,i} = 1$,$c_{2,i} = 1$。当已知管道进出口各

一个边界条件,则必然存在最优决策变量 τ_0、l_0 使目标函数 I 取最小值,这个 l_0 就是理论上的泄漏位置,根据 l_0 和 τ_0 可得初始泄漏流量。

式(3-79)中 I_1 是以检测物理量误差绝对值的积分最小作为泄漏检测的目标函数,式(3-80)的 I_2 是以检测物理量误差的平方的积分最小作为泄漏检测的目标函数。对具体工程,采用什么样的目标函数需要进一步研究。

由于上述管道泄漏检测过程全部在频域中完成,称为管道泄漏检测的全频域法。

3.5.3　全频域法用于泄漏检测可行性的理论及计算分析

以不同泄漏位置、不同泄漏量时的管道泄漏检测系统为例,假设阀门线性快速关闭,这里仅以阀门处激励压头,即式(3-73)来说明。图 3-5 是末端阀门处流量的频域特性,当阀门快速线性关闭时,无泄漏时管道末端的压力水头的幅值与定义的传递函数和阀门流量频域变换有关,而传递函数与系统的特性(A,r 及泄漏参数)相关,流量拉氏变换式(3-38)与阀门关闭特性(T_c,ω_r)相关,且它的频域幅值在一定 ω_r 范围内是随之单调变化(3.3.1 节已证明)的,即压力水头的幅值与传递函数为线性关系。图 3-7(a)给出了该系统在不同泄漏位置,考虑非恒定摩阻时阀门处传递函数的频域波形,有无泄漏情况下的传递函数分别由式(3-70)、式(3-72)计算,如在 $\omega_r = 1$ 时,图 3-7(a)中三种情况传递函数模值依次为 23.5、20.0、11.7。分别取 $l = 0.25$、$Q_{l0} = 10\% Q_0$,$l = 0.75$、$Q_{l0} = 10\% Q_0$,$l = 0.75$、$Q_{l0} = 20\% Q_0$ 三种泄漏参数按式(3-73)计算泄漏情况下阀门处的压头幅值,结果见图 3-7(b)。

在 $\omega_r = 1$ 时,图中四种情况计算压头频谱峰值依次为 15.0、12.81、7.50、5.0。对比管道无泄漏时的传递函数或压头,当有泄漏孔存在时,其位置或大小都比较明显地影响着管道的系统特性,即传递函数,进而影响压头变化。由此可知,不同的泄漏参数对应着不同的压头频域曲线,据此能够去辨识泄漏参数。

3.5.4　遗传算法求解

前面分析了全频域法用于泄漏检测的可行性并将水力元件的特性即泄漏孔的两个参数(位置和大小)反映在管系统的模型中,得到了任意位置处包含泄漏信息的压头和流量的频域表达式。通过 3.5.2 节的分析可知,基于水力瞬变全频域法的管道泄漏检测也可类似地转化为最优化问题,针对已建立的频域目标函数,即式(3-79)或式(3-80),同第 2 章时域模型一样,用遗传优化算法求解。于是,整个程序步骤可以是:

(1)对决策变量 l、τ(实际是 Q_{l0})进行编码,并产生一定规模的初始种群。

(2)将种群个体代入式(3-73)~式(3-75)进行测点位置(阀门处或给定 y 值)的幅频或相频特性计算。

(3)将给定测点位置的实测离散函数进行频域变换并把目标函数即式(3-79)或式(3-80)作为适应度,根据此适应度对染色体群进行选择、交叉、变异等遗传操作。

(4)选取合适的控制参数进行种群的反复迭代,至找到最优值结束。

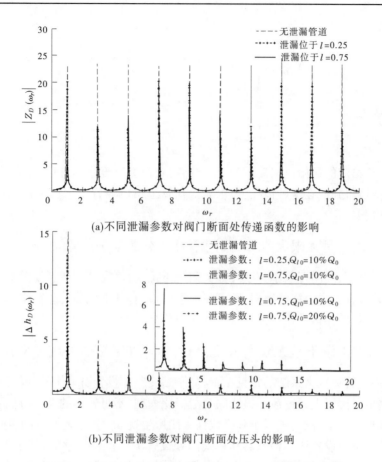

(a)不同泄漏参数对阀门断面处传递函数的影响

(b)不同泄漏参数对阀门断面处压头的影响

图 3-7 不同泄漏参数对阀门断面处传递函数和压头的影响

3.6 泄漏检测点的最少理论设置数量

下面研究常见边界条件情况下,至少需要安装多少泄漏检测传感器的问题。

3.6.1 管道出口是无限大水库,进口阀门容许突然完全关闭

当管道出口是无限大水库,则 $\Delta h_D \equiv 0$,当进口阀门突然完全关闭时,即流量 Δq_U 是阶跃函数,即

$$\Delta q_U = -\frac{1}{j\omega}\frac{Q_0}{Q_r} \tag{3-81}$$

这时,对于给定的初始泄漏流量和泄漏位置,即 τ 和 l,管道出口流量 Δq_D 和进口水压 Δh_U 的唯一频域解可由式(3-13)得到,并由式(3-55)可得任何泄漏检测点物理量的频域解。在这种情况下,只要在管道任意位置设置 1 个压力传感器就可以完成管道泄漏检测。

3.6.2 管道进出口均是无限大水库,出口阀门容许迅速全关和全开

在这种情况下,可以通过管道出口阀门的迅速关闭和开启(完全关闭)制造一个流量

脉冲信号,即

$$\Delta q_D = \begin{cases} -\dfrac{Q_0}{Q_r} & 0 < t \leqslant \varepsilon, \varepsilon \to 0 \\ 0 & t > \varepsilon, t \leqslant 0 \end{cases} \tag{3-82}$$

频域函数为

$$\Delta q_D = -\frac{Q_0}{Q_r} \tag{3-83}$$

这时,对于给定的初始泄漏流量和泄漏位置,管道进口流量 q_U 和出口流量 h_D 的唯一解可由式(3-55)得到。在这种情况下,也只要在管道出口设置 1 个压力传感器就可以完成管道泄漏检测。

3.6.3　管道出口是无限大水库,阀门不容许突然全关或者全开

在这种情况下,阀门可以小开度线性关闭产生扰动,可在管道任意设置 1 个压力传感器和在阀门处设置 1 个位移传感器,即可完成泄漏检测,其中位移传感器作为边界条件使用,另一个压力传感器信号作为泄漏检测的比较信号。

3.6.4　管道上下游不是无限大水库,阀门不容许突然全关或者全开

这是长距离管道输水系统的常见布置,如泵站线路上设置有调压井,或者管道出口水池较小等,这也是国际上研究泄漏检测的一般概化模型,不过较多的是上游仍看成是水库即恒压,在这种情况下,阀门可以小开度线性关闭产生扰动,建议设置 3 个传感器,在管道上游、任意管道测点设置压力传感器和在阀门处设置 1 个位移传感器,其中上游传感器、位移传感器作为边界条件使用,另一个压力传感器信号作为泄漏检测的比较信号。

3.7　算例研究

3.7.1　无泄漏频域模型验证

考虑简单边界条件,上游边界为水库,水位 25 m,下游接阀门,激励信号靠末端阀门的小开度快速线性关闭产生,关闭时间 0.1 s。因上游恒水位,则 $Z_u = 0$,那么上游压头可表示为 $\Delta h(0,s) = 0$,初始状态通过阀门调节为小开度,控制流量为 2.0 L/s。图 3-8 是三种模型计算的无泄漏瞬变条件下在不同位置处压头时域波形,其中两种频域模型的时域解是利用反傅立叶变换求解频域场方程模型得到的。将 IAB 模型的 MOC 计算结果作为实际值比较,观察图 3-8,不计摩阻的传统水击频域模型的时域解在波形的 1～2 个周期基本能与 MOC 法一致,但在其后的周期内误差较大,不能反映波形的变化规律。而考虑非恒定摩阻的频域模型在整个时间段内基本能够反映波形全貌,跟 MOC 法吻合的较好。需要指出的是,频域法反演到时域波形与频率选取有很大关系,因为当时域趋于无穷时,频域趋于零,这就要求频域离散初值和间隔应取得尽量小。本例频域的上限取为 $\pi \cdot f_s$(Nyquist frequency),其中 f_s 为时域采样频率。图 3-9 是三种模型计算的无泄漏瞬变条件

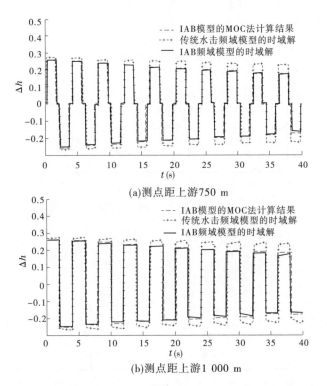

图 3-8　三种模型计算的无泄漏瞬变条件下在不同位置处压头时域波形

下在不同位置处压头频域波形,其中 IAB 时域模型 MOC 法计算结果的频域变换幅值是由离散函数频域变换即式(3-21)计算得到的,非恒定摩阻 $k = 0.014$。以图 3-9(a)为例,当 $\omega_r = 1$,即 $\omega = 2\pi a/4L = 1.57$ 时,三者均出现峰值,但是传统水击频谱幅值明显比 MOC 法大,三种模型幅值最大值依次为 30.27、14.66、15.52。在 $\omega_r = 5$ 附近时,三者的幅值最大值为 2.40、1.20、1.19,最大幅值对应的频率也出现漂移,分别为 5.0、4.97、4.97,图 3-9(b)中,在 $\omega_r = 7$ 附近时,三者的幅值最大值为 4.5、2.0、1.5,最大幅值对应的频率分别为 7.0、6.96、6.96。由数值模拟结果可以看出,传统水击频域法峰值大小与 MOC 计算结果有较大偏差,主要是此模型未考虑非恒定摩阻,不能精确模拟阀门完全关闭后的水击过程。考虑非恒定摩阻的 IAB 模型频域计算结果能够更加准确地反映水击波频谱幅值的变化规律,尽管阀门完全关闭,从数值模拟结果看,它与 MOC 法频域变换结果相当接近。

3.7.2　有泄漏时的辨识

就 3.7.1 中的算例进行有泄漏时的辨识,因 MOC 法是已被证实的计算瞬变流比较有效的方法,本节同样将瞬变流的 IAB 模型在管道泄漏时的计算结果作为泄漏检测的实测信号,需要指出的是,其离散步长和计算总时间对频域变换有影响,前者应尽量取小,后者需计算到瞬变至平稳状态。关于管道有无泄漏时的沿程水压变化过程见附录 2。当阀门小开度瞬间关闭时,管道无泄漏阀门处计算压头过程如图 3-10 所示,程序中时间步长为 0.01 s,从图中看出,考虑非恒定摩阻时,水压最终是收敛的,不过需要相当的时间,它符

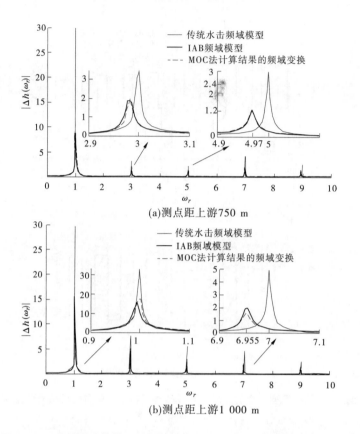

(a)测点距上游750 m

(b)测点距上游1 000 m

图 3-9　三种模型计算的无泄漏瞬变条件下在不同位置处压头频域波形

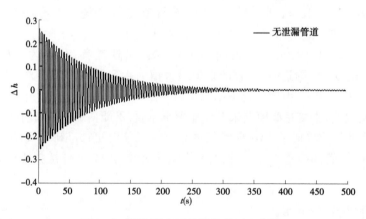

图 3-10　整个瞬变过程阀门处压头曲线

合 3.2 节中离散函数变换的条件。给定泄漏参数,如 $l = 0.25$、$Q_{l0} = 10\% \, Q_0$ 时,用 IAB 模型计算的距上游水库 750 m 处的压头过程如图 3-11 所示,此泄漏参数条件下阀门处的压头与无泄漏时此处的压头对比如图 3-12 所示,图 3-11、图 3-12 中有泄漏时的离散时域信号应用式(3-21)转化到频域,此频域幅值将作为泄漏检测的比较信号。反问题求解中遗传算法计算参数为:初始种群规模为 30,交叉概率 $p_c = 0.9$,变异概率 $p_m = 0.05$,泄漏相对

位置 l 的搜索范围为 $0 < l < 1$，泄漏量的搜索范围为 $0 < Q_{l0} < 0.3Q_0$，取目标函数为式(3-80)，本书仅选取幅频特性进行比较，即 $c_{1,i} = 1, c_{2,i} = 0$。泄漏参数分别用 10 位的二进制来编码和解码。直接将目标函数本身作为适应度，根据此适应度对染色体群进行选择、交叉、变异等遗传操作，剔除适应度高的染色体，得到新的群体，反复迭代，直到找到最优值。本节给出了四种泄漏工况条件下的时频曲线对比和全频域法辨识结果，其中泄漏工况 1 的泄漏孔位置距上游水箱 250 m($l = 0.25$)，工况 2、3、4 的泄漏位置距上游水箱 750 m，前三种工况的泄漏量均为稳态流量的 10%，工况 4 的泄漏量为稳态流量的 5%，工况 1、2、4 的检测信号的测点位置是末端阀门处，工况 3 在管道中点处。

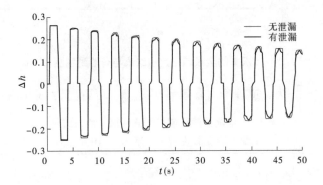

图 3-11　有、无泄漏时距上游 750 m 处压头时域波形
（工况 1 泄漏参数：$l = 0.25, Q_{l0} = 10\% Q_0$）

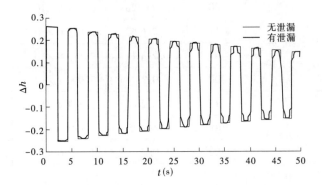

图 3-12　有、无泄漏时管道阀门处压头时域波形
（工况 1 泄漏参数：$l = 0.25, Q_{l0} = 10\% Q_0$）

图 3-12 为工况 1 时用 MOC 法计算出的阀门压头时域波形，图中仅给出了 0 ~ 50 s 的波形，实际上由于管道摩阻和泄漏孔的存在，时域波形最终是收敛的，即如图 3-10 所示。如前所述，图 3-12 中有泄漏时的时域压头经频域变换后，作为泄漏辨识目标函数中的实测比较信号，即图 3-13 中的有泄漏实测值。取目标函数中频率 ω 的个数为 8 192，频率上限为 10π。表 3-1 给出了该工况下全频域法用遗传优化方法辨识的结果，其中 $\omega_r = \dfrac{\omega}{\omega_{th}}$ 为

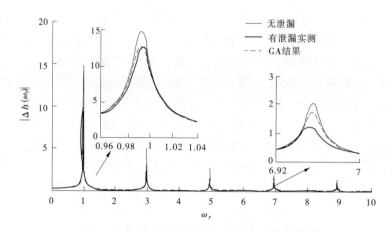

图 3-13　工况 1 的全频域法辨识结果与有泄漏实测值对比

无量纲频率比，$\omega_{th}=\dfrac{\pi a}{2L}$ 为管道理论固有频率，由表 3-1 可看出，工况 1 种群经过 100 代的

表 3-1　泄漏检测频域模型遗传算法辨识结果

（工况 1 泄漏参数：$l=0.25$，$Q_{l0}=10\%Q_0$）

目标函数 （3-80）	实际泄漏工况	进化代数	泄漏位置	泄漏量	适应度
比较对象为 MOC 计算值的 幅频（阀门处）	$l=0.25$ $Q_{l0}=2\times10^{-4}$	1	0.188 23	$3.869\,4\times10^{-4}$	$-0.001\,639\,3$
		10	0.222 06	$2.729\,4\times10^{-4}$	$-0.001\,487\,6$
		100	0.243 28	$2.377\,6\times10^{-4}$	$-0.001\,46$
比较对象为全 频域模型幅频 计算值	$l=0.25$ $Q_{l0}=2\times10^{-4}$	1	0.236 53	$2.542\,0\times10^{-4}$	$-0.000\,209\,31$
		10	0.244 19	$2.115\,8\times10^{-4}$	$-1.766\,7\times10^{-5}$
		100	0.25	$2.000\,2\times10^{-4}$	$-1.362\,6\times10^{-11}$
比较对象为 全频域模型相频 计算值	$l=0.25$ $Q_{l0}=2\times10^{-4}$	1	0.232 67	$1.324\,4\times10^{-4}$	$-0.099\,785$
		10	0.257 5	$1.912\,7\times10^{-4}$	$-0.009\,678\,8$
		100	0.25	$1.999\,6\times10^{-4}$	$-1.041\,5\times10^{-10}$
比较对象为 MOC 计算值的相频	$l=0.25$ $Q_{l0}=2\times10^{-4}$	100	0.896 4	3.335×10^{-5}	-7.337

进化后，辨识出的泄漏位置为 243.3 m，其定位精度良好，流量大小为 0.238 L/s，也基本与实际泄漏量一致，图 3-13 是该工况下泄漏辨识结果（$l_0=0.243$，$Q_{l0}=0.238$ L/s）与有泄漏实测值的对比，从图中看出，辨识结果与实际泄漏参数下的压头幅值在前 3 个奇频率上基本一致，较大的频率上幅值稍有偏差，如图 3-13 中 $\omega_r=7$ 附近。当检测信号的比较对象为全频域模型给定泄漏参数提前计算的幅频、相频特性值时，遗传优化算法的寻优能力是相当精确的，泄漏点定位与给定位置一致，泄漏量也与给定值符合，这说明遗传算法能很好地对全频域模型中的目标函数进行最优化求解。表 3-1 还给出了比较对象为实测压

头的相频曲线时,全频域模型的辨识结果,两个参数均出现了错误。图 3-14 给出了两种模型计算的有、无泄漏时管道阀门处压头相频特性曲线,可看出有、无泄漏时全频域法计算的相频差别不大,均有泄漏时,全频域法和 MOC 法计算结果变换后的相频差别反而较大,这说明此例中瞬间关闭条件下激发水击压头的相频值不适合作全频域法中目标函数的检测比较对象,建议研究泄漏引起相频变化的其他规律来分析该问题。

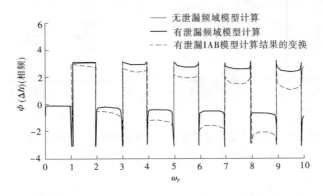

图 3-14　有、无泄漏时管道阀门处压头相频特性曲线

(工况 1 泄漏参数:$l = 0.25$,$Q_{l0} = 10\% Q_0$)

　　工况 2、3、4 全频域法辨识结果及相应时频曲线对比见图 3-15 ~ 图 3-20 和表 3-2 ~ 表 3-4,从中可发现,测点位置无论是在阀门处(工况 2、4)或在其他位置(工况 3),全频域的辨识结果都令人满意,其中测点位于阀门处的工况 2 的泄漏定位为 751.5 m,它比测点位于管道中点处的工况 3 的 753.3 m 更接近实际值。数值模拟少许偏差一方面是阀门全关时瞬变流非恒定摩阻的影响,另外,总的数据长度对寻优也有一定影响。工况 4 的泄漏位置不变,泄漏量比前三种工况减少一半,由表 3-4 可知,辨识结果为 799 m,定位误差为 49 m,占管全长的 5%,误差比工况 2 大,这说明全频域法辨识泄漏精度也有一定限度,泄漏孔太小辨识结果误差较大,实际上,本算例由于初始流量小,按泄漏量为稳态流量的 10% 考虑,孔口流量参数为 $C_l A_l/A = 2.9 \times 10^{-4}$,若取流量系数 $C_l = 0.5$,其泄漏孔口直径已不足 1 cm。

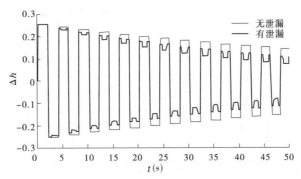

图 3-15　有、无泄漏时管道阀门处压头时域波形

(工况 2 泄漏参数:$l = 0.75$,$Q_{l0} = 10\% Q_0$)

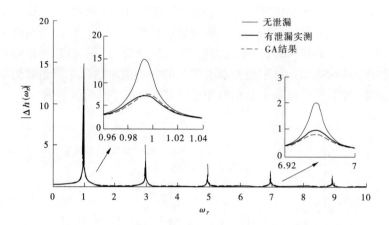

图 3-16　工况 2 的全频域法辨识结果与有泄漏实测值对比

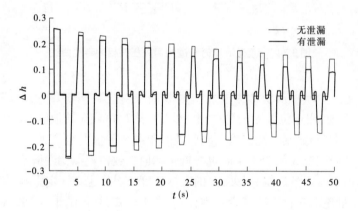

图 3-17　有、无泄漏时管道中点处压头时域波形
（工况 3 泄漏参数：$l = 0.75$，$Q_{l0} = 10\% Q_0$）

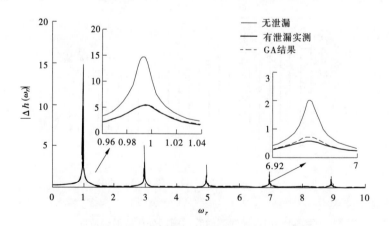

图 3-18　工况 3 的全频域法辨识结果与有泄漏实测值对比

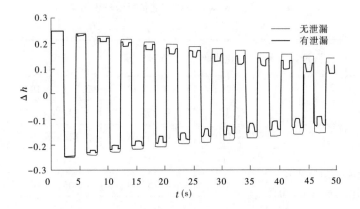

图 3-19　有、无泄漏时管道阀门处压头时域波形

（工况 4 泄漏参数：$l=0.75$，$Q_{l0}=5\%Q_0$）

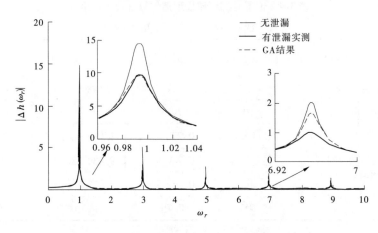

图 3-20　工况 4 的全频域法辨识结果与有泄漏实测值对比

表 3-2　泄漏检测频域模型遗传算法辨识结果

（工况 2 泄漏参数：$l=0.75$，$Q_{l0}=10\%Q_0$）

目标函数 (3-80)	实际泄漏工况	进化代数	泄漏位置	泄漏量	适应度
比较对象为 MOC 计算值的幅频 （阀门处）	$l=0.75$ $Q_{l0}=2\times10^{-4}$	1	0.835 11	$1.816\ 1\times10^{-4}$	$-0.002\ 892\ 7$
		10	0.753 30	$2.135\ 4\times10^{-4}$	$-0.001\ 756\ 1$
		100	0.751 49	$2.172\ 8\times10^{-4}$	$-0.001\ 752\ 0$
比较对象为全频 域模型幅频 计算值	$l=0.75$ $Q_{l0}=2\times10^{-4}$	1	0.707 68	$1.827\ 4\times10^{-4}$	$-0.000\ 774\ 6$
		10	0.750 48	$2.051\ 2\times10^{-4}$	$-8.522\ 9\times10^{-6}$
		100	0.75	2×10^{-4}	$-2.301\ 0\times10^{-13}$

表 3-3　　泄漏检测频域模型遗传算法辨识结果

（工况 3 泄漏参数：$l = 0.75, Q_{l0} = 10\% Q_0$）

目标函数 (3-80)	实际泄漏工况	进化代数	泄漏位置	泄漏量	适应度
比较对象为 MOC 计算值的幅频（中点处）	$l = 0.75$ $Q_{l0} = 2 \times 10^{-4}$	1	0.727 11	$2.331\ 2 \times 10^{-4}$	$-0.000\ 995\ 81$
		10	0.755 82	$2.331\ 0 \times 10^{-4}$	$-0.000\ 940\ 55$
		100	0.753 31	$2.144\ 6 \times 10^{-4}$	$-0.000\ 890\ 37$
比较对象为全频域模型幅频计算值	$l = 0.75$ $Q_{l0} = 2 \times 10^{-4}$	1	0.547 89	$2.535\ 6 \times 10^{-4}$	$-0.001\ 07$
		10	0.757 44	$2.005\ 8 \times 10^{-4}$	$-1.301\ 0 \times 10^{-5}$
		100	0.75	2×10^{-4}	$-4.792\ 9 \times 10^{-15}$

表 3-4　　泄漏检测频域模型遗传算法辨识结果

（工况 4 泄漏参数：$l = 0.75, Q_{l0} = 5\% Q_0$）

目标函数 (3-80)	实际泄漏工况	进化代数	泄漏位置	泄漏量	适应度
比较对象为 MOC 计算值的幅频（阀门处）	$l = 0.75$ $Q_{l0} = 1 \times 10^{-4}$	1	0.702 90	$1.148\ 8 \times 10^{-4}$	$-0.002\ 828\ 7$
		10	0.792 27	$1.046\ 9 \times 10^{-4}$	$-0.001\ 670\ 4$
		100	0.798 75	$1.060\ 0 \times 10^{-4}$	$-0.001\ 649\ 0$
比较对象为全频域模型幅频计算值	$l = 0.75$ $Q_{l0} = 1 \times 10^{-4}$	1	0.740 08	$9.939\ 2 \times 10^{-5}$	$-1.695\ 1 \times 10^{-5}$
		10	0.752 84	$9.939\ 2 \times 10^{-5}$	$-1.281\ 5 \times 10^{-6}$
		100	0.75	1×10^{-4}	$-7.794\ 9 \times 10^{-17}$

3.8　　阀门周期扰动条件下的全频域法

第 3.3 节提到,在管道泄漏瞬变频域法检测研究中,阀门周期性的正弦振荡也是一种常见的激励方式,最近国际上研究较多。选择阀门周期扰动,通过人为输入激励信号改变其振荡频率,便于研究管道系统频域特性,另一方面,阀门在一个稳态位置上周期扰动产生的振荡水击波对整个管道系统危害性较小。因阀门并未完全关闭,一般不考虑非恒定摩阻对模型的影响。由于在实际操作上要获得小扰动下的系统频域特性或者说在阀门处输入具有连续频率分布的频带信号比较困难,目前也只是通过数值模拟和 MOC 法进行对比研究,即把 MOC 法计算值作为检测信号以代替实测值。本节研究在阀门周期小扰动情况下,泄漏的全频域检测法及相关的系统特性。

3.8.1　　已知泄漏工况下的程序验证

研究算例仍见图 2-3 所示管道系统,Covas 等(2005)的 SWDM 方法和 3.7.1 中算例的计算参数稍有不同,如 $f = 0.01$,管道上游水库水位 $H_0 = 50$,初始流量 $Q_0 = 0.100 \ \mathrm{m^3/s}$,其余参数相同。其中,泄漏位置距上游水库 800 m,末端阀门的初始位置 $\tau_0 = 0.5$,振荡阀门振幅为 $\Delta\tau_{\max} = 0.05$,那么阀的动作可描述成:$\tau = \tau_0 + Re(\Delta\tau_{\max} \mathrm{e}^{i\omega t})$。首先研究无摩擦管道,便于分析仅考虑泄漏存在时系统的频域特性。有泄漏孔存在时,管道可看做是由两段组成的,考虑到上游水库边界,$Z_U = 0$,那么泄漏孔左断面的传递函数可由式(3-61)获得,代入泄漏孔信息由式(3-46)、式(3-62)得右断面的传递函数,由式(3-63)易得阀门处的传递函数,代入阀门扰动边界条件,由式(3-44)、式(3-64)得到阀门处的压头。图 3-21给出了阀门上游处有无泄漏时的传递函数幅值曲线,图 3-22 给出了全频域法程序计算的复压力头 Δh 幅值随振荡频率的变化规律,和 Covas 等的计算结果对比,均不考虑摩擦的情况下,有无泄漏情况下数值模拟的结果都一致,初步验证了程序的有效性。

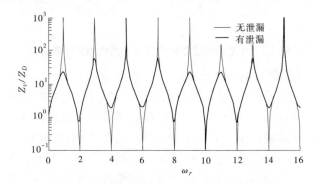

图 3-21 有、无泄漏时的阀门上游处传递函数
(泄漏参数:$l = 0.8, Q_{l0} = 10\% Q_0$)

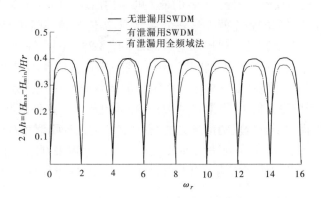

图 3-22 阀门处压头的频域响应波形计算对比
(无泄漏管道和有一点泄漏管道,泄漏参数:$l = 0.8, Q_{l0} = 10\% Q_0$)

3.8.2 管道系统全频域特性

当管道存在泄漏时,泄漏的两个参数即泄漏位置和泄漏量改变了管道固有的系统属性,从而影响瞬变水击波时域波形的衰减和畸变特性,当阀门为周期性扰动时,水击波的相应波形仍然按照扰动频率进行变化,不同频率段上的振幅不同,相角也不同。同样的,管道各测点断面的频域特性除了受泄漏参数影响外,不同测点位置上的频域特性也有所不同,如图 3-23 所示。

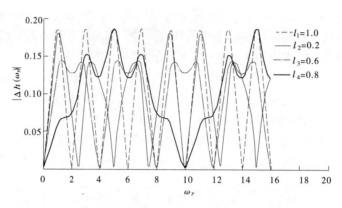

图 3-23　无泄漏管道不同位置处的压头幅频响应曲线

图 3-23 给出了无泄漏管道一定位置处(分别距上游 1 000 m、200 m、600 m、800 m)的压头幅频响应曲线,从中可看出,虽然测点位置不同,但是压头幅值仍呈现一定规律,即在接近固有频率的奇数倍上出现相对意义上的波峰,偶数倍上出现波谷,不同位置处压头幅值不同,而末端阀门处的幅值为等幅变化,由此可见,压头幅频响应曲线上各个波峰的幅值与测点位置密切相关,本例中 $\omega_{th} = 1.570\ 8$。因阀门处的压头幅值等值变化且幅值比其他位置受阀门扰动影响更大,常常利用此处的幅频特性作为泄漏检测的比较信号,这与时域中的分析也一致。

阀门正弦扰动激励下,管道无泄漏时阀门处压头的频域特性曲线如图 3-24 所示,由图 3-24 可知,无论是幅频还是相频,二者的最大峰值均出现在固有频率的奇数倍上,且任意两极大值或极小值之间的频率间隔是一个常数,即幅值等频率间接变化。当有一个泄漏孔时的阀门处压头频域特性变化规律见图 3-25 ~ 图 3-28,从中可看出,频域压头在单个频率上的衰减规律不同,且都与频率相关,不同位置的泄漏对应着不同的频域特性变化规律,相同泄漏位置不同泄漏量时,在整个频率轴上的衰减规律一致,都呈现一定的正弦或余弦规律,但是单个频率幅值上,泄漏量越大,衰减的也越大。这种泄漏引起的频域变化规律对泄漏的辨识提供了有价值的信息,先后有学者研究这种峰值相对位置,总结变化形状规律来定位泄漏(反射峰值序列法),亦或是利用驻波原理来判断泄漏的大致位置(驻波原理检测法),关于驻波原理检测法以及对该法的补充说明可详见附录 3。

3.8.3　周期扰动下的全频域法

研究表明,无论是反射峰值序列法还是驻波检测法都存在定位不够精确的缺点,分析泄漏对周期扰动下管道系统的全频域特性影响特性后,本节尝试应用全频域模型的反问题分析方法来进行泄漏的辨识。前已述及,由于在实际操作上要获得小扰动下的系统频域特性或者说在阀门处输入具有连续频率分布的频带信号比较困难,研究主要通过频域模型的数值模拟和 MOC 法进行对比来辨识泄漏。根据瞬变流的谐波共振理论,引入水力系统中的压力或流量扰动,不管是因故障还是正常操作引起,通常会最终衰减,当阀门有

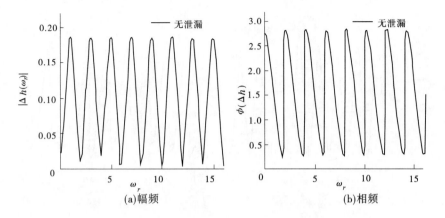

(a)幅频　　　　　　　　　　(b)相频

图 3-24　无泄漏时阀门处压头的频域特性

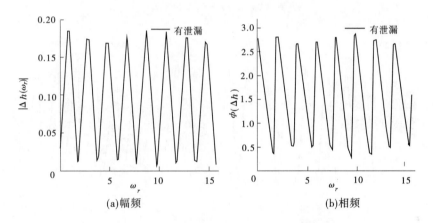

(a)幅频　　　　　　　　　　(b)相频

图 3-25　有泄漏时阀门处压头的频域特性

(泄漏参数:$l = 0.2$, $Q_{l0} = 10\% Q_0$)

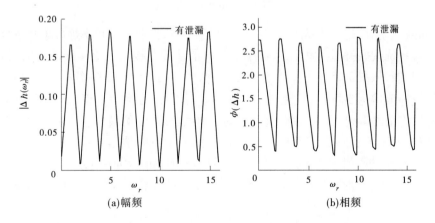

(a)幅频　　　　　　　　　　(b)相频

图 3-26　有泄漏时阀门处压头的频域特性

(泄漏参数:$l = 0.8$, $Q_{l0} = 10\% Q_0$)

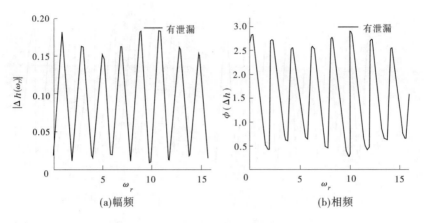

图 3-27　有泄漏时阀门处压头的频域特性
（泄漏参数：$l = 0.2, Q_{l0} = 20\% Q_0$）

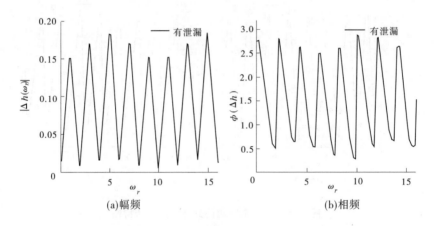

图 3-28　有泄漏时阀门处压头的频域特性
（泄漏参数：$l = 0.8, Q_{l0} = 20\% Q_0$）

节奏地周期扰动时,此时外界激励仅有一个频率成分,只要这个频率远离单管系统的自然固有频率,系统共振就不会发生,若激励中某阶谐波频率接近或等于该系统的固有频率,就会发生共振,从图 3-25 ~ 图 3-28 清楚地发现,当阀门正弦扰动频率 ω 接近于 ω_{th} 的奇数倍时,幅值峰值均达到极大值,无论有无泄漏。给定阀门扰动方程 $\Delta \tau_{\max} e^{i\omega t}$ 中每一个 ω 值,在时域将最终得到压头按正弦规律波动的曲线,该曲线的最大值即是该扰动频率下的压头频域幅值。于是,泄漏检测中的比较信号可以用 MOC 法这样获取：

（1）产生末端阀门激励正弦扰动信号的频率范围,如 $0 \leqslant \omega \leqslant \omega_{\max}$,按一定步长给定。

（2）对每个给定的阀门扰动 ω 进行管道瞬变流的计算,获取一定时长上的时域波形,存储最大值。

（3）重复步骤 2 至所有 ω 计算完毕。

仍就 3.7.1 节中算例,上游水位为 25 m,因阀门是在初始稳态位置的一个小扰动,通过调节阀门保持一个较大开度位置,如 $\tau_0 = 0.5$,此时稳态流量 $Q_0 = 0.1$ m³/s,振荡阀门

振幅为 $\Delta\tau_{max}=0.05$，如步骤 1，给定阀门扰动频率范围为 $[0.1, 25.6]$，取频率步长 $\Delta\omega=0.1$，系统时域共模拟 256 次，即 16 个基波频率范围，每次可获得振荡压头的最大值或最小值。图 3-29 给出了几例不同阀门正弦振荡频率下阀门处压头的时域波形，时域的最终波形也出现正弦振荡，不过每一频率下的相角不同，该频率下时域波动最大值即一次模拟的求解结果。当频域模型中取相同的 ω 范围，图 3-30 是无泄漏管道系统频域模型和所有频率扰动下 MOC 法计算的计算结果对比，均不考虑非恒定摩阻时，二者的幅值在较低频率上吻合的非常一致，如在 $\omega=\omega_{th}=1.56$ 时，MOC 模拟的 Δh 结果为 0.184 8，频域法计算结果为 0.185，不过整体来看，较大频率上 MOC 法计算值稍有延迟。不过值得注意的是，MOC 中阀门扰动选取 ω 值时不能完全等于 ω_{th} 的奇数倍，因为共振的产生将会导致数值计算的发散。当管道有泄漏时，频域模型和所有频率扰动下 MOC 法的计算结果对比见图 3-31，无论频域模型还是 MOC 法计算结果，最大值都不是等幅出现，还是具有一定的规律，且两种计算方法在该条件下计算结果比较吻合，这也表明在阀门小扰动情况下，瞬变流模型不考虑非恒定摩阻时的线性化频域求解是充分有效的，与时域模型求解结果吻合。

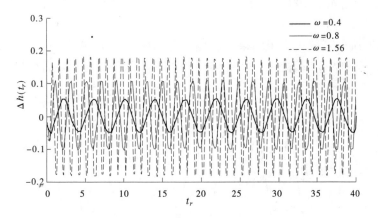

图 3-29　不同阀门正弦振荡频率下阀门处压头的时域波形

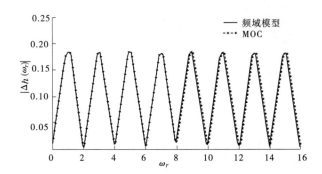

图 3-30　频域模型和 MOC 计算的无泄漏管道阀门处频域压头幅值对比

阀门周期正弦扰动边界条件下，应用全频域模型的反问题分析方法来进行泄漏的辨识，用遗传优化算法求解。类似于 3.5 节，整个程序步骤基本一致，所不同的是这里泄漏

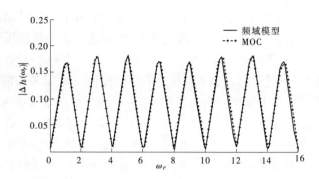

图 3-31　频域模型和 MOC 计算的有泄漏管道阀门处频域压头幅值对比

（泄漏参数：$l = 0.75$，$Q_{l0} = 10\% Q_0$）

检测中的比较信号用上述(1)～(3)获取。遗传算法中的参数选取如 3.7.2 节,本节给出了两种泄漏工况条件下的全频域法辨识结果和 MOC 计算结果的对比,其中泄漏工况 1 的泄漏孔位置距上游水箱 800 m($l = 0.8$),泄漏量为稳态流量的 10%,即 0.001 m^3/s,工况 2 的泄漏位置距上游水箱 200 m,泄漏量与工况 1 相同,两种工况的检测信号测点位置均是末端阀门处。

工况 1、2 的全频域法辨识结果及相应有泄漏时实测值(MOC 计算结果)的对比见图 3-32、图 3-33 和表 3-5、表 3-6,表中还给出了当检测信号比较对象为全频域模型的提前

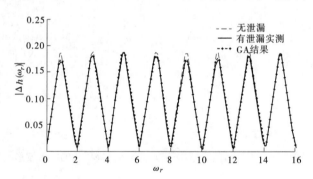

图 3-32　工况 1 的全频域法辨识结果与有泄漏实测值对比

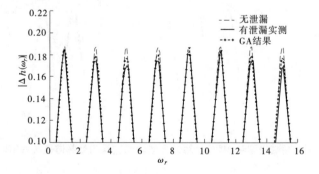

图 3-33　工况 2 的全频域法辨识结果与有泄漏实测值对比

计算值时的辨识结果,两种工况的辨识结果与给定泄漏工况一致,这表明周期扰动下用遗传算法辨识的有效性。当检测信号为 MOC 在整个频率上的计算值时,其中工况 1 经过 100 代遗传进化后的泄漏定位为 800 m,这与实际给定值相符,不过在泄漏量的辨识上偏差较大,与实际值偏差 20%,工况 2 的定位偏差为 5 m 左右,同样的,泄漏量偏差较大。图 3-34 给出了工况 1 时遗传算法辨识种群均值和解的变化过程。两算例的结果表明,阀门周期小扰动时,能够应用遗传算法求解频域模型的目标函数来达到辨识泄漏的目的。

表 3-5　周期扰动下泄漏检测频域模型遗传算法辨识结果

（泄漏参数: $l = 0.8$, $Q_{l0} = 10\% Q_0$）

目标函数	实际泄漏工况	进化代数	泄漏位置	泄漏量	适应度
比较对象为 MOC 在全频率上的计算值（阀门处）	$l = 0.8$ $Q_{l0} = 1 \times 10^{-3}$	1	0.813 44	12.89×10^{-4}	$-3.557\,6 \times 10^{-6}$
		10	0.812 26	$6.501\,2 \times 10^{-4}$	$-2.880\,8 \times 10^{-7}$
		100	0.800 03	$7.987\,5 \times 10^{-4}$	$-4.332\,7 \times 10^{-8}$
比较对象为全频域模型幅频计算值	$l = 0.8$ $Q_{l0} = 1 \times 10^{-3}$	1	0.774 60	10.635×10^{-4}	$-6.073\,5 \times 10^{-7}$
		10	0.793 35	$5.735\,8 \times 10^{-4}$	$-7.331\,2 \times 10^{-8}$
		100	0.799 87	$9.993\,6 \times 10^{-4}$	$-2.321\,6 \times 10^{-9}$
比较对象为全频域模型相频计算值	$l = 0.8$ $Q_{l0} = 1 \times 10^{-3}$	1	0.810 03	$7.683\,2 \times 10^{-4}$	$-0.000\,324\,48$
		10	0.804 43	$9.936\,1 \times 10^{-4}$	$-1.013\,8 \times 10^{-5}$
		100	0.8	$9.997\,9 \times 10^{-4}$	$-1.854\,2 \times 10^{-9}$

表 3-6　周期扰动下泄漏检测频域模型遗传算法辨识结果

（泄漏参数: $l = 0.2$, $Q_{l0} = 10\% Q_0$）

目标函数	实际泄漏工况	进化代数	泄漏位置	泄漏量	适应度
比较对象为 MOC 在全频率上的计算值（阀门处）	$l = 0.2$ $Q_{l0} = 1 \times 10^{-3}$	1	0.466 14	$5.459\,3 \times 10^{-4}$	$-8.981\,4 \times 10^{-5}$
		10	0.203 61	$6.043\,4 \times 10^{-4}$	$-7.968\,7 \times 10^{-5}$
		100	0.204 84	$5.636\,8 \times 10^{-4}$	$-7.953\,6 \times 10^{-5}$
比较对象为全频域模型幅频计算值	$l = 0.2$ $Q_{l0} = 1 \times 10^{-3}$	1	0.212 56	$9.087\,1 \times 10^{-4}$	$-0.000\,156\,13$
		10	0.207 81	$9.840\,8 \times 10^{-4}$	$-4.043\,3 \times 10^{-5}$
		100	0.2	$9.999\,7 \times 10^{-4}$	-8.8×10^{-9}
比较对象为全频域模型相频计算值	$l = 0.2$ $Q_{l0} = 1 \times 10^{-3}$	1	0.203 59	$6.387\,5 \times 10^{-4}$	$-0.001\,574\,5$
		10	0.201 2	$9.898\,2 \times 10^{-4}$	$-6.967\,9 \times 10^{-6}$
		100	0.2	$9.999\,7 \times 10^{-4}$	-1.802×10^{-10}

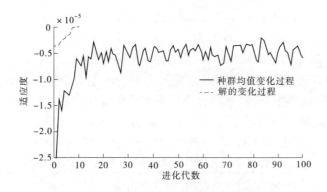

图 3-34　工况 1 目标函数的变化过程

3.9　小　结

本章系统地研究了基于水力瞬变全频域法的管道泄漏检测的理论和方法,建立了两种阀门激励扰动下的管道水击频域数学模型,通过分析瞬变场矩阵方程,导出了有、无泄漏情况下管道任意位置处的传递函数及压头、流量表达式,利用阶梯信号等效法解决了实测离散函数如阀门流量、管道测点水压的频域变换问题,提出基于水力瞬变全频域数学模型的泄漏检测反问题分析方法,称为管道泄漏检测的全频域法。

通过大量的数值模拟和与时域特征线法的对比研究表明,基于水力瞬变全频域数学模型分析的管道泄漏检测是一种有效的新方法。与以前的频域法相比,管道泄漏检测的全频域法具有两个优点:一是边界条件不受限制,二是泄漏检测完全在频域中完成,无需求任何一点的付氏逆变换时域函数,由于频域方程不需要涉及微分方程,求解只需要进行复数的代数运算,同时域反问题分析相比,大大节省了遗传算法求解目标函数的耗时。

同时,分析了常见的不同管道进出口边界条件下,完成管道泄漏检测需要配置的检测传感器数量。

本章最后还就阀门周期扰动条件下的全频域模型进行反问题分析及数值模拟验证,也表明利用遗传算法求解目标函数辨识泄漏的有效性。

总的来讲,阀门小开度线性关闭激励方式更直接、简单,阀门周期扰动激励压力波对整个管系危害性较小,这在应用上可能更安全,不过也存在难点,一是在阀门处输入具有连续频率分布的频带信号比较困难,二是要搞清整个系统的物理模型布置,因为任何管道结点、弯头都可能来回反射水击波,因此应注意分清这些反射和单纯是泄漏引起的反射。

第 4 章　管道泄漏检测模型试验

本章将通过实体模型试验检验前几章节提出的瞬变流模型和泄漏时域、频域检测方法。

4.1　模型试验布置

实体模型及传感器布置如图 4-1 所示,试验管道采用公称直径为 300 mm 的聚氨酯内衬材料的球墨铸铁管,上游水库用一个水位可调的水箱模拟,管道尾部安装电磁流量计,后接阀门控制流量,管道出口接回水渠。蝶阀的瞬时开度值采用与阀门同轴转动的位移传感器来测量。管道中部人为制造两个泄漏点,通过阀门控制泄漏量。水箱底部距离管中心线垂直高度 1.435 m 处安装量程为 100 kPa 的硅压阻式差压传感器 1 只,分辨率为 0.01 kPa。管道各测点位置处布置同样规格的传感器。数据采集使用中国水科院研制的 DJ800 型多功能检测仪,数据的采样间隔为 0.004 s,采样次数为 30 000。各处测点位置坐标如图 4-2 所示,其中管道系统的基本参数见表 4-1,各测点的位置高程(距地面)校正如表 4-2 所示,典型压力测点 A、C、D 距上游水箱的相对位置分别为 0.169、0.390 和 0.810。

图 4-1　管道泄漏检测系统照片

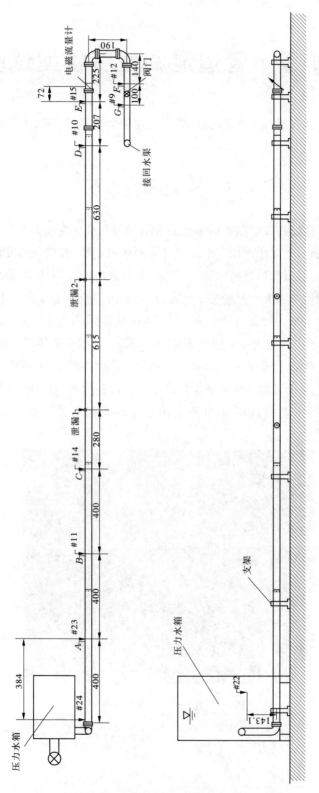

图 4-2　管道泄漏检测系统试验布置

表 4-1 试验计算基本参数

管径 （m）	管长 （m）	（4 L/a） （s）	摩阻系数	密度 （kg/m³）	黏度 （m²/s）	g （m/s²）
0.30	36.27	0.238~0.248	0.013 4~0.018	999.1	1.139×10⁻⁶	9.806

表 4-2 测点高程校正

测点		A	B	C	D	E	F	G
通道号	24	23	11	14	10	15	12	9
高程(cm)	81.1	81.1	81.6	79.8	80.6	81.2	82.6	88.6

4.2 管道系统参数的率定

4.2.1 恒定摩阻系数的率定

管道摩阻系数 λ 是影响泄漏检测的关键因素。虽然可以根据管道流态,采用经验公式,如布拉休斯公式、阿尔特舒尔公式、科尔布鲁克公式等,或者 Moody 图等计算确定 λ,但为了提高泄漏检测的准确性,必须现场率定。

泄漏瞬变检测试验的激励方式主要靠阀门的小开度关闭或较大开度扰动产生,那么不同扰动方式下稳态的雷诺数不同,一般情况下,雷诺数较大,流动基本接近粗糙区。本系统的管道较短,同时物理模型存在偏差,即有两个弯道,这两个弯道的局部水头损失对结果也可能造成误差。因此,在初始稳态时,必须利用达西公式进行率定。数值模拟时可将局部水头损失看做是沿程水头损失的一部分,并且均匀分配到沿程水头损失中,对 λ 进行修正(万五一等,2007)。本书在数学模型中未对弯道阻力系数作深入研究,有关文献给出了计算公式(贺益英等,2003),对稳态 λ 在公式计算的基础上按照实测压头对其进行修正。由管道糙率检测试验,可得出较高雷诺数下糙率率定结果,然后利用谢才公式和达西公式获得恒定摩阻。

根据谢才公式 $Q = A \cdot C \cdot \sqrt{R \cdot J}$ 和曼宁公式 $C = \dfrac{1}{n} R^{1/6}$,易推出管道的糙率公式为

$$n = A \cdot R^{2/3} \cdot J^{1/2} \cdot Q^{-1} \tag{4-1}$$

由达西公式,可得恒定摩阻系数 λ 与糙率的关系为

$$\lambda = 8gn^2 R^{-1/3} \tag{4-2}$$

式中:n 为糙率;A 为管道面积;R 为水力半径;C 为谢才系数;J 为水力坡降,其中 $J = \dfrac{\Delta H}{\Delta L}$,$\Delta H$ 为测量断面之间的测压管水头差,ΔL 为测量断面之间的距离。试验中,通过调节水箱水位和阀门开度控制管内流量,待水流稳定后记录各测压断面平均压强 P 和电磁流量计流量 Q,根据各断面的压强计算压强差和各断面位置差计算水力坡降,进而获得糙率和

恒定摩阻。

表 4-3 给出了糙率的试验及计算结果,在雷诺数为 $(4.68 \sim 9.82) \times 10^5$ 的范围内,不同雷诺数的糙率系数趋于定值,可以认为聚氨酯内衬材料球墨铸铁管管壁水力摩阻基本上达到阻力平方区。根据计算结果,本系统聚氨酯内衬材料球墨铸铁管的糙率范围为 0.008 2 ~ 0.008 6,实际计算可取均值约为 0.008 5,初步由式(4-2)得出管道恒定摩阻为 0.013 4。

表 4-3　试验及计算结果

检测组次	检测值					计算值	
	流量 （m^3/s）	过水面积 （m^2）	流速 （m/s）	测管间距 （m）	测管压差 （kPa×9.806）	雷诺数 （×10^5）	糙率
1	0.126 4	0.071	1.788	12.056	0.086	4.68	0.008 4
2	0.141 5	0.071	2.001	12.056	0.106	5.24	0.008 3
3	0.178 5	0.071	2.525	12.056	0.171	6.61	0.008 4
4	0.192 5	0.071	2.724	12.056	0.207	7.13	0.008 6
5	0.213 6	0.071	3.022	12.056	0.247	7.91	0.008 4
6	0.232 9	0.071	3.295	12.056	0.295	8.63	0.008 4
7	0.265 2	0.071	3.752	12.056	0.384	9.82	0.008 5

4.2.2　流量计的率定

通过调节下游阀门开度,读取平稳状态下的电磁流量计流量,试验测得电压与流量的原始关系,经拟合,得到其流量与电压值满足 $Q = 125.19U - 124.41$。当阀门完全关闭时,实际流量为 0,但流量计表显示为 2 L/s,传感器测得的电压值为 1 V,可稍修正流量计系数,修正后公式为 $Q = 124.91U + 1.078\ 2$,如图 4-3 所示,由此可知流量与电压基本上是线性变化。

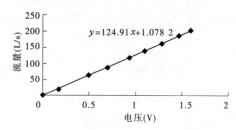

图 4-3　流量计流量与电压关系

4.2.3　末端蝶阀特性率定

定常流情况下,阀门前后的水头差 ΔH_r 与通过流量 Q_r 之间的关系可以表示如下:

$$Q_r = (C_d A_G)_r \sqrt{2g\Delta H_r} \tag{4-3}$$

式中:r 表示额定工况;Q_r 为流量;ΔH_r 为阀门前后水头差;C_d 为流量系数;A_G 为阀门开启面积;g 为重力加速度。

对于其他开度,流量一般可表示为

$$Q = C_d A_G \sqrt{2g\Delta H} \tag{4-4}$$

定义阀门流量系数相对值为

$$\tau = \frac{C_d A_G}{(C_d A_G)_r} \tag{4-5}$$

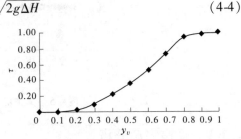

定义 y_v 为阀门开度相对值,那么当阀门全开时,$y_v = 1$,$\tau = 1$;全关时,$y_v = 0$,$\tau = 0$。一般说来,流量系数 τ 为 y_v 的非线性函数,试验中根据不同工况开度下实测的 Q、y_v、τ 将离散数据绘制成图,得到如下流量系数相对值与阀门开度相对值的关系,如图 4-4 所示。

图 4-4　流量系数相对值与阀门
开度相对值的关系

4.3　实测数据的滤波

在管道输送流体的过程中,由于各种因素的影响,测得的压力信号带有很大的噪声,压力信号的变化与噪声干扰信号的幅度相当,乃至完全被其淹没(吴荔清、郑杰,2001)。根据流体及管道的特性可将此噪声看成是平稳随机的,但无法知道噪声传播的路径,甚至有些噪声根本没有固定的特性,具有不可预知性。前面已经提到,管道的泄漏检测,包括泄漏位置和泄漏大小,是一项复杂的系统工程,泄漏检测的准确性和可靠性不仅受检测方法的影响,而且受测量传感器随机噪声干扰的影响。要从压力信号中准确定位压力突降点(Misiunas et al,2005)或找到与正常状态下压力幅频特征的区别,需解决的关键问题之一是要对采集的原始信号进行有效的去噪。

目前,一些滤波方法也越来越引起人们的重视,夏海波等(2002)研究了线性回归的方法,朱爱华等(2005)研究了卡尔曼滤波,陈仁文(2005)、叶昊(1996)等研究了小波分析方法,伦淑娴(2003、2004)、马野(2005)等研究了神经网络滤波方法,李斌等(2006)、石立华等(2002)研究了小波神经网络方法,陈华立等(2005)研究了图像分析方法。这些方法的实用性需要通过试验数据进一步比较论证。为此,通过泄漏检测模型试验要首先分析实测数据中的噪声来源,并对小波阈值去噪、改进神经网络去噪、最小二乘 B 样条拟合去噪进行了比较研究,分析其优缺点,在此基础上,提出了信号预滤波结合阈值自学习小波去噪的综合滤波方法。该法通过对恒定状态下带噪压力信号阈值自学习使得重构信号与期望输出均方误差最小来获得单一工况下的最佳去噪阈值,再将此阈值用于同一工况下整个时间段的去噪,不同工况下得到不同的最佳阈值进而获得最优的输出。

对于图 4-2 所示的管道泄漏检测系统试验布置图,某一工况下 A 断面实测压力波形信号如图 4-5 所示,从中可以看出,测量信号明显的被噪声污染。

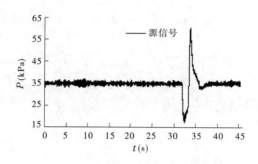

图 4-5 某工况 A 断面实测压力信号

4.3.1 噪声来源分析

上述系统测量水压信号的噪声可分为以下几种(郭新蕾等,2007):①工频干扰,它是由电力系统引起的一种干扰,一般由 50 Hz 的工频及其倍频构成;②测量系统本身电极的接触噪声,主要由电极的接触不良引起的噪声或仪器内部噪声,可抽象为随机变化的阶跃信号;③环境噪声,测量过程中管道周围其他随机噪声;④紊流脉动噪声,本身并不是噪声,但对泄漏检测影响较大,尤其小泄漏量时,因泄漏产生的压力幅值变化可能被脉动噪声淹没。以上几种噪声,①、②可以通过预滤波处理方法滤除;③可认为是白噪声,而小波去噪在白噪声尤其噪声服从正态分布时效果比较理想;④也是抑制的重点。下面对其作简单分析。

在恒定流动状态下,由伯努利方程可得

$$H_A = H - (\lambda \frac{l}{d} + \sum \xi) \frac{v^2}{2g} \tag{4-6}$$

式中:H 为上游水头;λ 为沿程水头损失系数;l 为水箱到 A 断面的水平距离;d 为管径;ξ 为局部水头损失系数;v 为流速;g 为重力加速度。

实测瞬时压力 P 可写为

$$P = \overline{P} + p' \tag{4-7}$$

式中:$\overline{P} = \gamma H_A$,$\gamma$ 为容重;p' 为紊流脉动值,与雷诺数和其他水力学要素相关,它的幅值大小不定,变化频繁无一定规律,本质上属于带随机性质的非恒定流波动。泄漏检测瞬变检测方法边界控制条件在下游阀门处,阀门扰动产生的压力值比管道本身的紊流脉动值大得多,于是压力信号滤波可将此脉动值视为噪声,加以滤除。去除后即是对时均压力 $\overline{P}$ 的一个最佳逼近。图 4-6 是图 4-5 所示信号的分解,当 $0 < t < 30$ s,系统处于恒定流状态时,由式(4-6)计算时均压力为 35.52 kPa,那么压力源信号与时均压力的差值主要为紊动噪声,如图 4-7 所示。

4.3.2 去噪方法的比较

设上述系统的期望输出信号为 $f(t_i)$,噪声为 e_i,采集到的污染源信号为

$$y(t_i) = f(t_i) + e_i \tag{4-8}$$

消噪的目的就是找到一个估计式 $y_1'(t_i)$ 是 $f(t_i)$ 的一个最佳逼近。

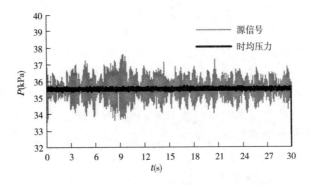

图 4-6　信号 $P = \bar{P} + p'$ 的分解

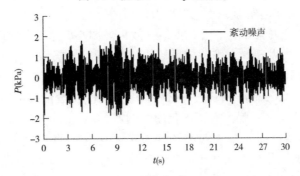

图 4-7　紊动噪声波形

4.3.2.1　小波去噪

小波去噪应用广泛,Mallat 等(Mallat,1992;Taswell,2003)认为,噪声与信号在各个尺度上的小波变换模极大值谱具有不同的规律,或者说有用信号的能量由主要的小波逼近信号系数决定(Quan et al,2005),噪声能量始终较均匀分布在各层细节信号上,将噪声小波谱分量去掉,然后再利用小波变换重构算法,重构出原信号以达到消噪目的。令 $c_0 = y(t_i)$ 表示初始信号序列,选择一个合适的小波及分解层数利用小波变换对 c_0 进行多级分解,可得到逼近信号 c_j 和细节信号 d_j,令 d'_j 为 d_j 的估计值,则有

$$d'_j = \begin{cases} \bar{d}_j & 1 \leqslant j \leqslant j_0 \\ d_j & j_0 < j \leqslant J + 1 \end{cases} \tag{4-9}$$

式中:j_0 为截断参数;$\bar{d}_j$ 由阈值门限计算,Donoho 等(1994、1995)给出如下确定门限值的方法

$$\theta = \delta \sqrt{2\ln N} \tag{4-10}$$

式中:N 为信号数据长度;δ 为噪声方差。

对小波分解不同层次设置阈值,认为 θ 以下的小波系数模极大值是噪声引起的,通过阈值滤波实现噪声的去除。阈值处理通常又分为硬阈值或软阈值两种方式,硬阈值处理为

$$\bar{d}_j = \begin{cases} d_j & |d_j| \geqslant \theta \\ 0 & |d_j| < \theta \end{cases} \tag{4-11}$$

软阈值处理为

$$\overline{d}_j = \begin{cases} \mathrm{sgn}d_j(\mid d_j\mid-\theta) & \mid d_j\mid\geqslant\theta \\ 0 & \mid d_j\mid<\theta \end{cases} \tag{4-12}$$

　　然后对逼近信号和阈值处理后的细节信号进行信号的小波重构,得到源信号的近似逼近 $y_1'(t_i)$。

　　从式(4-11)、式(4-12)可见,阈值的确定是影响去噪效果的关键。小波去噪的阈值求解法固定不变,这种阈值在噪声服从正态分布时最佳(Donoho et al,1994)。由于噪声的复杂性,实际情况可能与假设条件有所差异,如正交小波变换下对细节信号采用阈值处理,消噪后的信号甚至会产生 Gibbs 振荡现象(Qing Wei et al,2004),有时信号会失真,产生虚警概率(付炜、许山川,2006)。因此,阈值去噪可能不会获得最佳效果。很多学者针对阈值选择进行了研究,提出了模糊阈值法(Shark,2000)、双变量阈值函数法(付炜、许山川,2006)、模平方方法(赵瑞珍、宋国乡,2000)、新阈值函数法(刘杰等,2006)等以期促进信噪分离。因此,阈值去噪可能不会获得最佳效果。图 4-8 为压力噪声小波变换分解后各层的细节信号,从中发现噪声细节信号幅值较小,同时各层均匀分布。图 4-9 为图 4-5 压力源信号预滤波后的部分信号,图 4-10 是小波默认阈值去噪和用水击特征线方法数值模拟计算(Brunone et al,2000;Wylie,1997)的信号对比,将数值模拟结果视为期望输出,可看出小波阈值去噪方法对噪声有不同程度的抑制,但对工程实际需去除的紊流脉动噪声的抑制并没有达到最佳效果。图中预滤波采用的是五点三次平滑法(王济、胡晓,2006;蔡均猛等,2005),平滑次数为 15,目的是减少部分高频随机信号,但时域压力信号经过平滑法会使得曲线中的峰值降低,体形变宽,信号会部分失真,所以平滑次数不易过多(邹鲲等,2002)。阈值小波去噪选择的滤波器为正交对称的 Haar 小波基,分解层数为 5 次,阈值大小为 1.056 1。

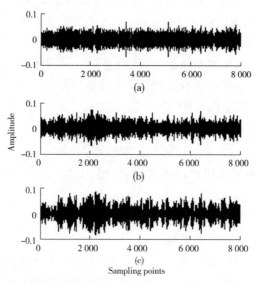

图 4-8　图 4-7 中噪声小波分解后各层系数

4.3.2.2　神经网络去噪

　　基于神经网络的去噪方法也是近年研究较多的一种滤波方法(伦淑娴等,2003、2004;

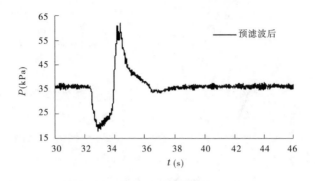

图 4-9　A 断面预滤波后压力信号

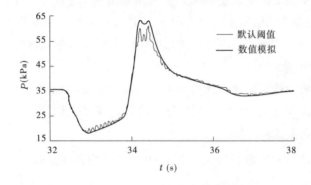

图 4-10　默认阈值去噪与数值模拟对比

马野等,2005;张秀艳等,2003),它以其强大的任意非线性逼近、自适应和自学习能力在信号去噪建模中获得了良好的效果。利用前向神经网络去噪声时,随着网络隐含层神经元数目的增加,神经网络对带噪声的信号拟合误差会减小,且拟合免噪系统输入输出关系也较准确,但并不是隐含层越多越好,太多的隐层数不仅会出现过拟合,而且网络训练的时间会很慢。王守觉等(2000)通过去噪试验定性地得出了用神经网络进行拟合去噪的一般性规律,即网络的训练误差是随着隐层神经元数目的增多而单调下降,测试误差在网络达到一定规模时达到最小,但是其隐层的节点数目的确定仍然依赖于试凑。针对神经元在较大输入空间时的网络训练时间长这一问题,许多学者对 BP 算法进行了改进,如共轭梯度法,正则化方法、Levenberg-Marquardt 优化算法等(苏高利、邓芳萍,2003)。图 4-11 给出了用神经网络 LM 改进算法和正则化方法对图 4-9 预滤波后信号去噪和期望输出的对比波形。从中可看出二者过度平滑了压力信号,不能很好地表现波峰处的畸变,在 $32 < t < 34$ 时间段内,正则化算法滤波在波谷处太过平滑,已部分失真。另外,其隐层的节点数目依赖于试凑,本书隐层数取 15,收敛速度也比较慢(输入样本长度为 4 096,训练次数 4 000,耗时约 25 min)。

4.3.3　小波阈值自学习(TSWA)去噪

因每次采集的压力信号都是从恒定流状态开始,那么不妨将全时间范围内的信号分为两个部分,综合滤波方法步骤如下:

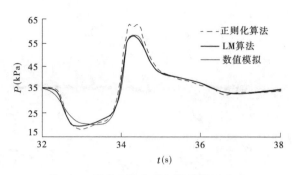

图 4-11　神经网络去噪与数值模拟对比

（1）将系统处于恒定流状态下的压力信号取出分析，由伯努利方程计算信号的期望输出 $\overline{P}(t_i)$，实际处理不妨取期望输出为 $(1\pm\psi)\overline{P}(t_i)$，$\psi$ 为允许偏差，一般可取 $\psi\leqslant 1\%$，主要是由上游水位少许波动引起的。这样，实测压力信号与期望输出信号之差即可认为是预滤波之后的噪声总和。

（2）选择合适的小波函数和分解层数对恒定流状态下的压力信号进行分解，保持在分解过程中的低频信号 c_j 不变，对各层的细节信号 d_j 采用软阈值处理，处理后为 $\overline{d}_j$，$\overline{d}_j$ 与 θ_j 有关，θ_j 为默认阈值门限。再利用小波重构公式，得到第一次滤波输出 $y'_1(t_i)$。

（3）定义学习目标函数为 $y'_1(t_i)$ 与 $(1\pm\psi)\overline{P}(t_i)$ 的均方误差 E 为

$$E_k = \frac{1}{N}\sum_{i=1}^{N}\left[y'_k(t_i)-(1\pm\psi)\overline{P}(t_i)\right]^2 \tag{4-13}$$

式中：k 表示第 k 滤波输出。

为使学习目标 E_k 最小，可通过调整 θ 来满足。第 $k+1$ 次滤波阈值为

$$\theta_j(k+1)=\theta_j(k)+\Delta\theta_j \tag{4-14}$$

可取

$$\Delta\theta_j = \alpha\frac{\partial E_k(t_i)}{\partial\theta} \tag{4-15}$$

式中：α 为调整系数。

计算 E_k，如果 $E_k<\varepsilon$，迭代停止，否则继续。满足 $E_k<\varepsilon$ 的阈值 θ_j 即为整个测量时间范围内的最优阈值。

（4）对测量时间内全长信号进行小波分解，同步骤（2），保持分解的低频信号 c_j 不变，对各层的细节信号 d_j 进行最优阈值处理，再进行重构。

用特征线法对管道瞬变流 IAB 模型作数值计算，末端阀门边界小扰动，管道的相关参数如表 4-1 所示，图 4-12 给出了 A 断面水压本书综合滤波方法的去噪结果。

对比图 4-12 和图 4-9，本书方法结合了小波去噪和神经网络去噪的一些优点，去噪后波形基本能够反映由阀门扰动产生压力波波形的变化情况，波峰处的细节有较好的保留，能够有效去除紊流脉动噪声，满足实际情况和工程的需要。图 4-13 是最小二乘 B 样条拟逼近预滤波波形，其节点为 1 027 个，实际应用发现拟合去噪随机误差比较大，如果改变

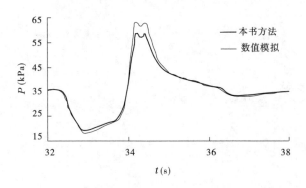

图 4-12　本书方法滤波后信号

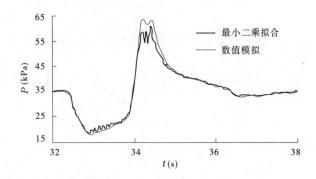

图 4-13　最小二乘拟合去噪后的信号

拟合阶数或节点数,波形也容易失真。各种去噪方法与计算值的均方误差分别为:预滤波
0.012 99、默认阈值法 0.011 53、神经网络 LM 算法 0.011 59、神经网络正则化算法
0.013 12、最小二乘 B 样条拟合 0.011 52、本文 TSWA 方法 0.010 97,也表明本书方法有
一定的优越性。分别对其他工况用本书方法进行滤波并和计算值作比较,图 4-14 是阀门
突然关闭的水力瞬变过程 A 断面压力波形对比,图 4-15 是阀门小扰动情况下 C 断面的压
力波形对比,从中可看出滤波后的波形和计算水压波形吻合的较好。

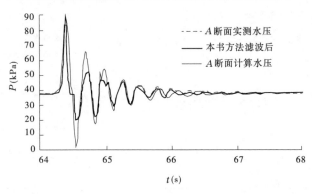

图 4-14　水力瞬变过程 A 断面压力波形对比

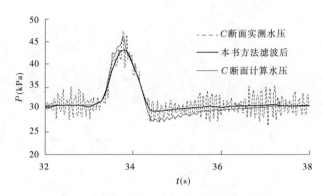

图 4-15　阀门小扰动下 C 断面压力波形对比

4.4　IAB 模型的试验验证

取水箱管道出口和阀门之间的管段为整个计算管道长度,管道的相关参数见表 4-1。MOC 法中空间步长取为 0.117 m,时间步长取为 0.000 2 s。

图 4-16 ~ 图 4-19 是一组阀门突然关闭工况下的阀门位移、断面压力过程线,其中

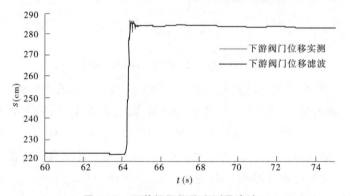

图 4-16　下游阀门位移实测及滤波

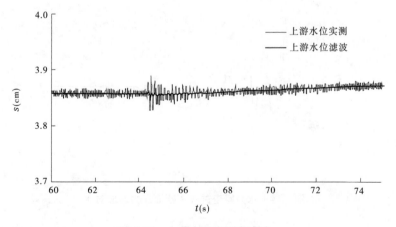

图 4-17　上游水位实测及滤波

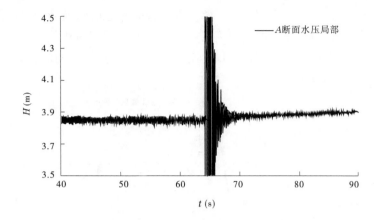

图 4-18　*A* 断面水压实测局部

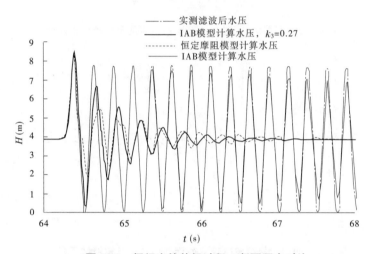

图 4-19　阀门突然关闭过程 *A* 断面压力对比

图 4-16是下游阀门位移传感器实测,当阀门关闭后瞬间,由于力矩反作用,同轴位移会发生少量回转,导致位移过程有少许反弹(图中64 s后),实际此时阀门已处于关闭位置,所以位移过程必须进行平滑滤波处理。图 4-17 是上游水位实测过程,整个过程上游水箱水位基本保持3. 86 m不变。图 4-18 是 *A* 断面的实测压力过程,局部较清楚的发现压头被噪声干扰,利用本书的方法对其进行滤波,并用传统水击模型、IAB 模型、现场率定 k_3 值的 IAB 模型对该工况下的管道非恒定流进行数值模拟,将计算结果和断面实测水压滤波后的过程线进行对比,如图 4-19 所示。从中可以看出,三种模型计算的瞬变之后第一个压力波的波峰值基本上吻合,式(2-6)的 IAB 模型在这种较高雷诺数($Re = 82\ 720$)的光滑管道中也并不能真实地反映整个压力波的衰减和畸变过程,其中的 k_3 值按公式计算为0. 016。由于整个管路存在弯道,其水头损失对阀门关闭后波形的衰减也有影响,可以以率定 k_3 的方式表现出来。经现场率定 k_3 值之后的 IAB 模型能够较好地描述整个水力瞬变过程,波形符合的较好。选择下游阀门同轴转动的位移传感器即图 4-16 作为边界条件,由于完全关闭时可能存在死区,以及骤开骤关过程存在一定间隙,导致阀门流量系数

和相对开度之间拟合存在一定偏差,而下游流量过程对其上游管道断面水压的影响十分敏感,造成计算与实测值存在少许偏差。图 4-20 ～图 4-22 是另一组管道无泄漏时各测点处实测滤波后水压和现场率定 k_3 值的 IAB 模型 MOC 法计算结果的对比,该工况上游稳

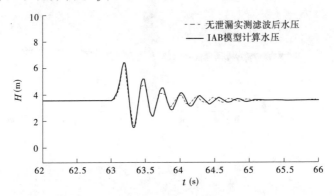

图 4-20   阀门突然关闭过程 A 断面压力实测及模拟结果对比

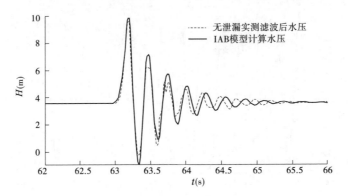

图 4-21   阀门突然关闭过程 C 断面压力实测及模拟结果对比

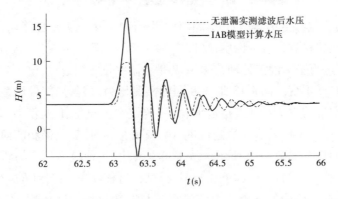

图 4-22   阀门突然关闭过程 F 断面压力实测及模拟结果对比

态水位 3.55 m,阀门从 0.2 开度瞬变关闭,开度过程见图 3-2,从各断面对比图中可清楚看出,经现场率定 k_3 值之后的 IAB 模型在整个瞬变时间段上与实测值符合良好,这为后续进行泄漏检测时域分析提供可靠的非恒定摩阻值。另外,由于模型试验传感器的最大

量程为 9.7 m 水柱压力,故在图 4-22 中,第一个波峰在 $h = 10$ m 以上部分未测出,和计算值有较大偏差,而紧随其后的三个水击波和模型计算值基本一致,经率定后的 IAB 模型基本反映了由管道阀门快速关闭带来的水击波的衰减畸变特性。需要指出,非恒定摩阻模型能够部分反映水击波的畸变,但是从图 4-21、图 4-22 仍可见,四个周期之后实测与计算出入较大,这种出入随着时间的推移表现越来越明显。图 4-23 ~ 图 4-25 是一组阀门小扰动时的结果,阀门处位移相对开度过程见图 4-23,雷诺数 $Re = 372\,620$,因阀门未关闭,故 IAB 模型中 k_3 为 0,从图 4-24、图 4-25 中两个断面的对比可见,阀门小扰动时,整个时间段上的压头符合良好,传统水击模型能够满足实际需要。

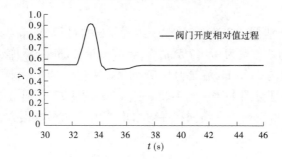

图 4-23　下游阀门开度相对值过程

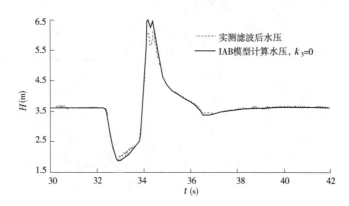

图 4-24　阀门小扰动下 C 断面压力对比

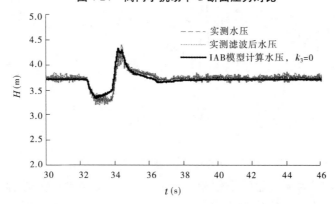

图 4-25　阀门小扰动下 A 断面压力对比

因基于瞬变流反问题分析的管道泄漏检测首先需要准确模拟管道的非恒定流,将前文文献资料验证良好的 IAB 模型应用于模型试验,由以上计算结果和分析可知,IAB 模型大致能够模拟出压力波的幅值衰减和畸变,但是鉴于实际水击过程中壁面切应力的复杂性,此模型仍然不能完全真实地反映水击实测波形的全貌,非恒定摩阻公式中的系数 k_3 值仍需要现场率定,下游阀门骤开骤关过程中的死区间隙对计算与实测值的偏差有影响,另外,阀门小扰动边界条件下管道非恒定流的模拟可以用传统水击模型。

4.5　时域法试验验证及分析

如图 4-2 所示,当泄漏孔 2 泄漏时,取一组瞬变试验进行分析。该组试验初始状态的上游水位为 3.5 m,初始流量为 0.017 5 m^3/s,调节水箱底部阀门和管道末端阀门(较小开度),过程平稳后水位为 3.55 m,流量为 0.02 m^3/s,这也是 MOC 法计算取的初始条件,无泄漏情况下模型的验证见图 4-20 ~ 图 4-22。图 4-26、图 4-27 分别是 C、F 断面有、无泄漏时的实测压头对比,如前分析,有泄漏存在对水击波的衰减影响很大,对泄漏辨识模型来说,检测信号比较强。

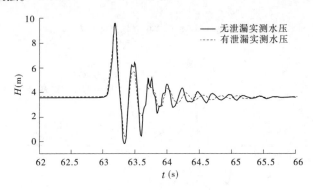

图 4-26　C 断面有、无泄漏时实测水压对比

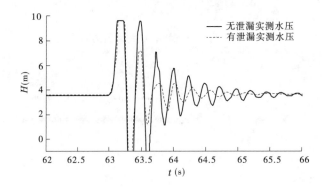

图 4-27　F 断面有、无泄漏时实测水压对比

图 4-20 ~ 图 4-22 为无泄漏工况实测滤波后水压与计算对比,这一步是为数学模型的率定作准备,其模型中非恒定摩阻率定为 $k_3 = 0.27$。理论上讲,泄漏时域法的模型中检

测数据采集时间越长,泄漏寻优速度会越慢,同时寻优精度会提高,但是从试验结果来看,时间越长,由于非恒定摩阻的影响带来的实测与计算的出入变大,因此寻求一定采样时间长度的数据来进行分析,显得非常必要。图 4-28 ~ 图 4-30 分别给出了已知泄漏参数情况下相应断面数值模拟结果和计算值的对比,计算模型中的非恒定摩阻取无泄漏时的率定

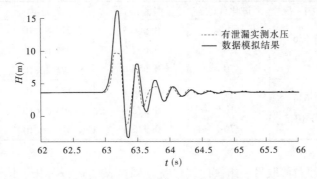

图 4-28　有泄漏时 F 断面实测与计算对比(泄漏参数: $l = 0.636$, $Q_{l0} = 3\% Q_0$)

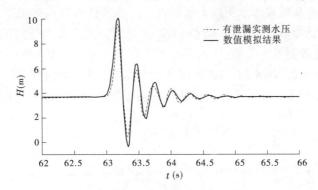

图 4-29　有泄漏时 C 断面实测与计算对比(泄漏参数: $l = 0.636$, $Q_{l0} = 3\% Q_0$)

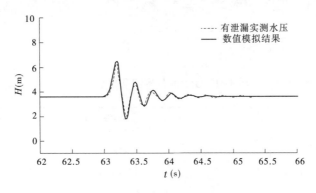

图 4-30　有泄漏时 A 断面实测与计算对比(泄漏参数: $l = 0.636$, $Q_{l0} = 3\% Q_0$)

结果,图中整个时间段上水击波形符合的都较好。表 4-4 给出了遗传算法辨识泄漏的结果,其中泄漏量 Q_{l0} 的寻优范围为 $0 < Q_{l0} < 0.3Q_0$,目标函数式(2-44)中, $j = 1$,因仅用压力传感器的值作为辨识的计算数据,有 $\theta_1 = 1$, $\theta_2 = 0$。遗传算法的其他参数为:初始种群规模为 30,交叉概率 $p_c = 0.9$,变异概率 $p_m = 0.05$,编码方式及终止条件设计如第 3 章所述。

其中工况 1 选取的数据长度为水击波的前三个波形,泄漏相对位置辨识结果为 $l = 0.657$,
与实际泄漏位置的误差仅为 0.62 m,泄漏量辨识精度为 98%,而选取整个瞬变时间范围
的压力数据即工况 2 进行计算,辨识结果却出现了很大偏差,辨识失效。

表 4-4　泄漏瞬变检测时域模型遗传算法辨识结果

工况	实际泄漏工况	进化代数	泄漏位置	泄漏量	适应度
1	$l = 0.636$ $Q_{l0} = 6 \times 10^{-4}$	1	0.586 3	$7.312\ 8 \times 10^{-4}$	$-0.001\ 501\ 5$
		10	0.657 9	$5.911\ 6 \times 10^{-4}$	$-0.000\ 480\ 7$
		70	0.657 0	$5.894\ 2 \times 10^{-4}$	$-0.000\ 388\ 2$
2	$l = 0.636$ $Q_{l0} = 6 \times 10^{-4}$	1	0.437 7	$8.179\ 8 \times 10^{-4}$	$-0.000\ 154\ 11$
		10	0.572 4	$5.294\ 8 \times 10^{-4}$	$-0.000\ 137\ 76$
		70	0.976 4	$3.532\ 4 \times 10^{-4}$	$-0.000\ 106\ 07$

当泄漏孔 2 泄漏时,取另一组阀门缓慢扰动瞬变试验进行分析。该组试验初始状态
的上游水位为 3.31 m 左右,初始流量为 0.159 m³/s,稳态泄漏量为 0.006 m³/s。由于管
道流量较大,相应弯头的局部水头损失也较大。因糙率试验得出的糙率值是在水平直管
道上进行的,测压管差值也较平稳,而 $C \sim F$ 断面之间有两个弯头,造成部分水头损失,仍
将稳态沿程损失等效到整个管道,修正后的 λ 为 0.019 左右。由于阀门未关闭,IAB 模型
中的非恒定摩阻 $k_3 = 0$。图 4-31 是该工况下上游水位过程,阀门开度相对值过程滤波后
如图 4-32 所示,图 4-33 ~ 图 4-35 是典型测点断面有泄漏的实测压力过程与数值模拟结果

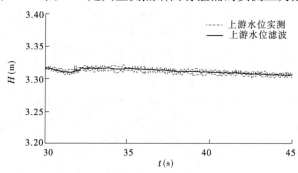

图 4-31　上游水位实测及滤波

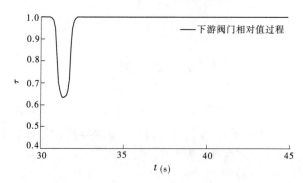

图 4-32　上游阀门开度相对值过程

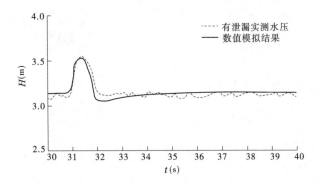

图 4-33　有泄漏时 A 断面实测与计算对比（泄漏参数：$l=0.636, Q_{l0}=4\% Q_0$）

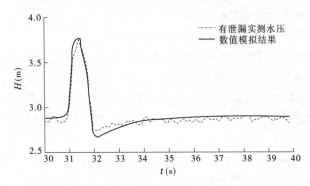

图 4-34　有泄漏时 C 断面实测与计算对比（泄漏参数：$l=0.636, Q_{l0}=4\% Q_0$）

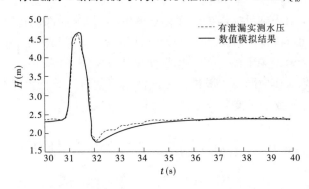

图 4-35　有泄漏时 F 断面实测与计算对比（泄漏参数：$l=0.636, Q_{l0}=4\% Q_0$）

的对比，已知泄漏工况下的数学模型基本上与实测值一致，将实测值作为检测信号的比较信号，代入反问题分析模型中辨识泄漏出现了很大偏差，辨识结果文中未给出。图 4-36 是阀门开度动作过程下有、无泄漏时 F 断面的数值模拟计算结果的对比，其中泄漏参数为：$l=0.636, Q_{l0}=4\% Q_0$，但从中可以看出，在末端阀门小扰动情况下，不同于阀门的瞬间关闭激励压头的衰减过程，此时管道水压波形在有、无泄漏情况下位于波峰、波谷处差异很小，那么将这种激励用于泄漏参数反问题的辨识在理论模型上是可行的，但用于实际管道系统，尤其是小泄漏量的情况下，种种不定因素的影响，包括管道参数（阻力系数、波速）、实测压力信号中的不确定性因素（噪声、精度等），这种激励方式值得商榷，这也是该

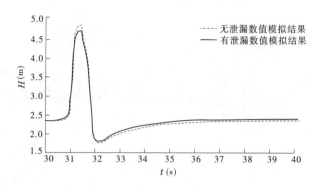

图 4-36   有、无泄漏时 F 断面数值模拟结果对比（泄漏参数：$l = 0.636, Q_{l0} = 4\% Q_0$）

工况下未能正确辨识出泄漏参数的原因。

通过以上两种泄漏工况的分析，可得出以下结论：

（1）基于水力瞬变分析的管道泄漏检测方法信号检测方式主动、检测信号强，能克服负压波法和其他方法在系统小泄漏量时检测信号弱的缺点。

（2）瞬变信号靠下游阀门从小开度位置的快速关闭产生，实际工程应用时可用蝶阀或电磁阀自动控制实现，这比文献中阀门不断启、闭制造等幅正弦周期扰动或方波扰动更具可操作性。

（3）传统水击恒定摩阻模型在瞬变检测法中可能失效，鉴于实际管道系统壁面切应力的复杂性，利用现场率定的非恒定摩阻模型能够比较真实地反映有、无泄漏时压力波波形的衰减特性。

（4）将遗传算法引入到目标函数的优化求解中，以弥补局部优化算法在求解过程中可能出现的局部最小问题。将此法应用到模型试验管道泄漏检测中，能够有效地辨识泄漏。但由于每个种群个体在计算中须调用瞬变流计算模块，总体寻优上比较耗时。

（5）建议在实际应用中同一工况进行多次测量以便对各个计算参数进行率定，减少实测中的随机干扰，使数据在整个瞬变时间段上更加可靠。

4.6   全频域法试验验证及分析

4.6.1   阀门流量处理对全频域模型的影响

本节将探讨上述阀门快速关闭时，阀门流量的处理对全频域模型的影响。在时域分析模型中，阀门开度是用实测曲线，而在频域分析模型中，一般不用阀门开度作为边界，而是将它变换到流量边界，考虑到阀门关闭时间短，国外较多的文献上常将此流量突变抽象为阶跃或脉冲函数。实际工程应用上，阀门部分开启/关闭产生的已知流量变化一般不能简单地视为现有模型抽象的脉冲函数或阶跃函数，而是时间的非线性函数，其变化曲线形状对水力瞬变有很大影响。

将图 4-16 所示的位移传感器数据转化为阀门开度相对值过程，如图 4-37 所示。

通过实测阀门开度曲线图 4-37 计算得出阀门流量相对值过程如图 4-38 所示，从图中

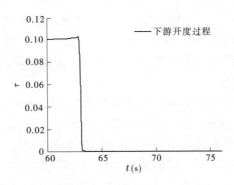

图 4-37　下游阀门相对值过程

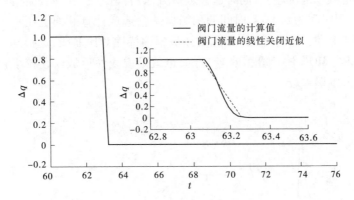

图 4-38　阀门流量相对值过程及其线性关闭近似

可看出,当 $63 < t < 63.4$ 时,实际关阀过程并非是时间的线性函数(虚线部分),而是非线性的曲线,此时应该利用离散函数的频域模型来求出阀门流量的频域变换,将图 4-38 中流量计算值和线性关闭近似值分别求其频域变换幅频值,结果如图 4-39 所示,从其内部放大图可见,当 $\omega_r < 1.2$ 左右时,阀门流量随时间的非线性关闭曲线的频域变换才与图 4-38 中的线性关闭近似一致,其他频率范围从一般坐标上看不出差别,但是实质相差比较大。

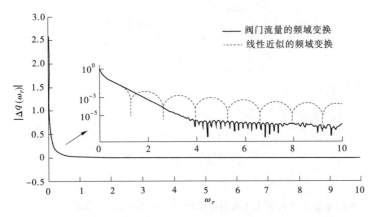

图 4-39　实测值的频域变换与线性近似的频域变换对比

　　以上得到了两种阀门流量边界处理方式下的频域幅值函数,即 Δq_D,将之代入全频域模型来分析阀门处压头幅值特性,并与实测阀门开度下 MOC 法时域计算结果的频域变换进行对比,其中 MOC 法计算时阀门是实测 τ 边界,无泄漏时域模型的 MOC 法计算结果见4.4 节的图 4-20 ~ 图 4-22。

　　图 4-40 ~ 图 4-42 是典型测量断面在无泄漏情况下用 MOC 法计算和全频域模型计算值的对比,图 4-40 中,全频域模型中的边界条件包含上述两种阀门流量边界处理方式,即实测非线性和直线近似线性两种,图 4-41、图 4-42 是实测流量边界下两种模型的计算对比。图 4-40 中,三种处理方法计算的幅频特性在频率范围内吻合的较好,全频域法和 MOC 计算在 $\omega_r < 4$ 时符合的相当一致,而用线性近似的边界条件计算时仅在 $\omega_r < 1.2$ 上吻合的较好,其他频率范围较差,同时这种近似方法对阀门关闭时间的估计非常敏感,此处线性近似的关闭时间为 0.18 s,时间的稍微偏差会造成计算断面上压头幅值的较大偏差。图 4-41、图 4-42 是 A、C、D 三个断面的压头幅频特性对比曲线,选择阀门流量非线性曲线计算的结果与 MOC 法计算值吻合良好,也就是说线性近似仅在较小频率范围内吻合,在其他频率范围误差较大。

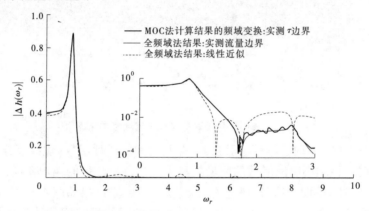

图 4-40　两种流量处理方式下无泄漏时全频域模型和 MOC 法计算的阀门处压头幅频

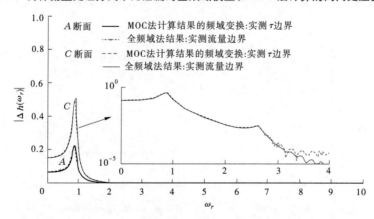

图 4-41　两种流量处理方式下无泄漏时全频域模型和 MOC 法计算的 A、C 测点处压头幅频

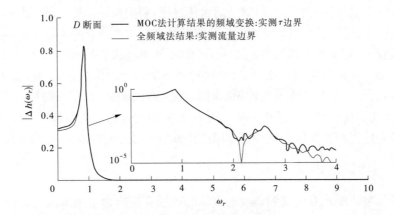

图 4-42　两种流量处理方式下无泄漏时全频域模型和 MOC 法计算的 D 测点处压头幅频

4.6.2　全频域模型的试验验证

图 4-43、图 4-44 给出的是管道无泄漏情况下测点 A、C 断面实测与全频域模型计算结

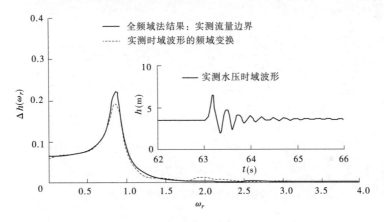

图 4-43　无泄漏管道 A 断面压头幅频特性对比

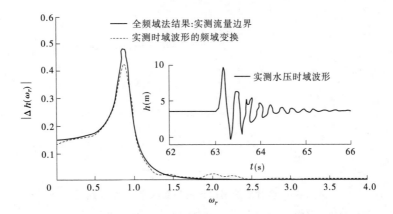

图 4-44　无泄漏管道 C 断面压头幅频特性对比

果的对比。图中的实测时域波形是滤波后水压过程,利用离散函数频域模型转化到频域,由图中可以看出,全频域模型计算出的压头幅频特性与实测值有少许偏差,在第一次谐波峰值处偏差较大,其余频率范围内基本一致,此时全频域法中的 $k_3 = 0.27$。无泄漏时若将全频域模型与实测值进行对比率定,可通过微调非恒定摩阻系数 k_3 值,虽然会在峰值大小上比较吻合,但是其峰值出现的频率时刻也会发生偏移。C 断面的对比如图 4-44 所示,其幅频特性对比规律与 A 断面一致。因 D、F 断面时域水压波形最大值大于 10 m(压力传感器最大量程),其频域变换与全频域法计算结果可能偏差太大,这里未给出。

4.6.3　泄漏参数的辨识

以有泄漏时断面 A、C 的实测滤波后水压的频域变换作为全频域法的检测信号,即全频域法中目标函数的比较对象,图 4-45、图 4-46 分别为相应断面全频域法泄漏辨识的结果,其中实测值的时域波形见小图。其中测点 A 距上游水箱 6.13 m,全频域计算中的式(3-74)中 y 取为 $(1 - 6.13/36.27) = 0.831$,测点 C 距上游 14.13 m,相应 y 值取为 0.61。

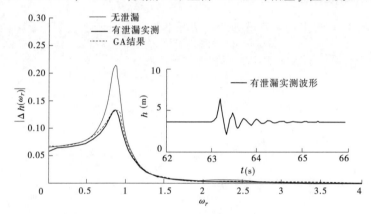

图 4-45　全频域法辨识结果与实测值对比(A 断面)

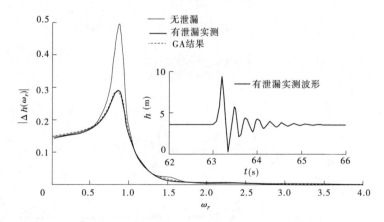

图 4-46　全频域法辨识结果与实测值对比(C 断面)

有泄漏时,小图中时域压头波形中奇数波波峰、偶数波波谷表现为一定的衰减和畸变特性,但在频域图上,由于阀门关阀时间相对较缓,激发频率有限(此问题原因后文详述),仅反映在第一个谐波分量上,对比无泄漏曲线,有泄漏时差别非常明显,如图 4-46 中,即管道 C 断面,有无泄漏时最大幅频值分别为 0.29 和 0.49,这表明泄漏孔的存在影响着管道系统特性,利用有泄漏时水压的幅频衰减特性来辨识泄漏是可行的。

　　表 4-4、表 4-6 给出了遗传算法寻优后得到的辨识结果,将辨识得到的泄漏参数代入全频域模型得到幅频曲线值,见图 4-45、图 4-46 中虚线。为了便于比较,表中也给出了以时域模型的 MOC 法计算值作为目标函数比较对象的辨识结果,该工况的实际泄漏位置仍然是泄漏点 2,表 4-5 中给出了算法经过 100 代迭代后的辨识结果,即 $l = 0.6743$,$Q_{l0} = 5.4001 \times 10^{-4}$,其寻优位置坐标与实际泄漏位置的偏差为 $(0.6743 - 0.6363) \times 36.27 = 1.38(\mathrm{m})$,泄漏量的偏差为 $(6 \times 10^{-4} - 5.4 \times 10^{-4})/(6 \times 10^{-4}) = 10\%$,后者辨识结果为 $l = 0.6443$,$Q_{l0} = 6.252 \times 10^{-4}$,其定位偏差为 0.29 m,泄漏量的偏差仅为 4.2%。表 4-6 以 C 断面实测数据作为检测信号,最终辨识结果为 $l = 0.6603$,$Q_{l0} = 5.5506 \times 10^{-4}$,偏差分别为 0.87 m、7.5%,以 MOC 计算值作为检测信号时的辨识结果为 $l = 0.635$,$Q_{l0} = 6.4930 \times 10^{-4}$,偏差分别为 0.05 m、8.1%。因阀门处实测最大峰值未能获得,表 4-7 仅给出了以时域模型的 MOC 法计算值作为检测信号进行全频域法辨识的结果,其泄漏位置的精度也令人满意。

表 4-5　泄漏检测全频域模型遗传算法辨识结果(A 断面)

(泄漏参数:$l = 0.636$,$Q_{l0} = 3\% Q_0$)

目标函数	实际泄漏工况	进化代数	泄漏位置	泄漏量	适应度
比较对象 为实测值	$l = 0.636$ $Q_{l0} = 6 \times 10^{-4}$	1 10 100	0.6643 0.4447 0.6743	1.1673×10^{-3} 9.8362×10^{-4} 5.4001×10^{-4}	-8.3555×10^{-6} -3.0924×10^{-6} -2.8875×10^{-6}
比较对象为 MOC 计算值	$l = 0.636$ $Q_{l0} = 6 \times 10^{-4}$	1 10 100	0.6854 0.6022 0.6443	7.2620×10^{-4} 6.5200×10^{-4} 6.2520×10^{-4}	-1.6857×10^{-6} -1.1484×10^{-6} -1.1263×10^{-6}

表 4-6　泄漏检测全频域模型遗传算法辨识结果(C 断面)

(泄漏参数:$l = 0.636$,$Q_{l0} = 3\% Q_0$)

目标函数	实际泄漏工况	进化代数	泄漏位置	泄漏量	适应度
比较对象 为实测值	$l = 0.636$ $Q_{l0} = 6 \times 10^{-4}$	1 10 100	0.8240 0.4398 0.6603	6.7518×10^{-4} 9.3353×10^{-4} 5.5506×10^{-4}	-6.1276×10^{-6} -1.7390×10^{-6} -1.4233×10^{-6}
比较对象为 MOC 计算值	$l = 0.636$ $Q_{l0} = 6 \times 10^{-4}$	1 10 100	0.3494 0.6360 0.6350	1.1532×10^{-3} 9.7392×10^{-4} 6.4930×10^{-4}	-4.9041×10^{-6} -3.7500×10^{-6} -2.1871×10^{-6}

表 4-7　　泄漏检测全频域模型遗传算法辨识结果(阀门处)

(泄漏参数：$l = 0.636, Q_{l0} = 3\% Q_0$)

目标函数	实际泄漏工况	进化代数	泄漏位置	泄漏量	适应度
比较对象为 MOC 计算值	$l = 0.636$ $Q_{l0} = 6 \times 10^{-4}$	1	0.749 3	$4.516\,7 \times 10^{-4}$	$-1.094\,8 \times 10^{-6}$
		10	0.636 0	$5.377\,6 \times 10^{-4}$	$-1.051\,5 \times 10^{-6}$
		100	0.634 5	$5.378\,6 \times 10^{-4}$	$-1.051\,5 \times 10^{-6}$

4.6.4　全频域法辨识结果的讨论

复频域压头或流量的幅频和相频特性规律受泄漏参数的影响,理论上,依据任意位置处的频域曲线(奇谐波频率上对应的峰值)可辨识泄漏,而这些谐波峰值的范围与系统激发的频率范围有关,从实际操作上来说,可观测到的峰值是与末端阀门扰动对管道系统激发的频率范围以及噪声频带有关。当一个阀门扰动信号激励系统时,比如,如果此信号的频率带宽在(0,100 Hz)以内(可由傅立叶变换估计其功率谱密度获得),那么其相应的输入响应信号的带宽也在(0,100 Hz)以内,也就是说,这个频率范围之外的幅值谱就是噪声引起的。因此,在泄漏反问题全频域法辨识过程中,整个搜索频率范围也要限制在(0,100 Hz)内。这就要求在阀门扰动时,尤其是瞬间关闭,要求阀门动作尽量要快,以便能激发更宽的频率响应信号。分析模型试验中的阀门激励信号,由于是手动关闭操作,阀门关闭时间基本在 0.17~0.25 s,这个时间长度对于此管道系统来说,只能产生较低带宽范围内的频率,从瞬变的角度看,仅能激励间接水击,这也是模型试验中的信号仅被激发出一二个峰值的原因,即图 4-40~图 4-46 中只有一个峰值,下面从信号分析角度进行说明。

第 3 章对流量相对变化量随阀门不同的无量纲关闭时间的时频特性进行了分析(见图 3-5),仍以该时域特性曲线为例进行说明,这里,流量相对变化量信号的时域曲线如图 4-47 所示。

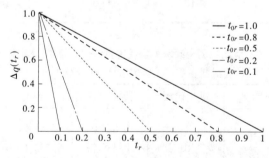

图 4-47　流量相对变化量随阀门不同的无量纲关闭时间的时域曲线

图 4-48、图 4-49 给出了不同无量纲关阀时间所激励信号的功率谱密度随频率变化过程,其功率谱密度幅值用相对值来表示,根据 Lee 等(2006),并约定能量幅值集中的 95% 以内为有限带宽频率,从图中可清楚地看出关闭时间越短,激励信号越接近理想阶跃信号,所激发的频率带宽越大,当 $t_{0r} = 0.05$,即实际关阀时间为 0.006 s 时,功率谱幅值的 5% 以上为有效带宽,从图 4-48 中可知,其大小为 1 800 rad/s,那么有效带宽频率为 1 800/

$2\pi = 287(\text{Hz})$,即此关闭时间下的响应信号的带宽也应在$(0, 287 \text{ Hz})$以内。当$t_{0r} = 0.5$,实际关阀时间为0.06 s时,有效带宽为$130/2\pi = 21(\text{Hz})$。本系统的管道波速在$585 \sim 610 \text{ m/s}$,以$a = 610 \text{ m/s}$可计算出$T_c = 0.118\,8$,管道理论固有周期$T_{th} = 0.237\,6$,管道的固有频率为$1/T_{th} = 4.208(\text{Hz})$。若无量纲关阀时间$t_{0r} = 0.5$,那么对此管道系统来说,能够激发的响应信号频率范围就最大为20 Hz,相对于管道水击的固有频率来说,能激发出$21/(4.208 \times 2) = 3$个奇谐波峰值。当$t_{0r} = 1.5$时,即上节泄漏工况下的阀门关闭时间(实际关阀时间为0.18 s),从图4-49中可知其有效带宽为$60/2\pi = 9.5(\text{Hz})$,能激发仅$9.5/(4.208 \times 2) = 1$个峰值,所以当实际试验关阀时间为$0.17 \sim 0.25 \text{ s}$时,实测压力响应信号仅能观察到$1 \sim 2$个奇谐波峰值。

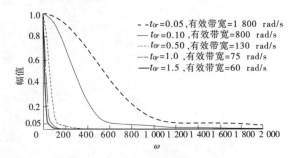

图4-48　流量扰动信号的功率谱

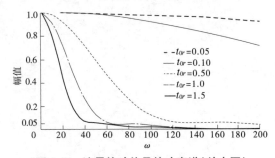

图4-49　流量扰动信号的功率谱(放大图)

4.7　小　结

　　本章通过实体模型试验检验了第2章提出的瞬变流IAB模型、泄漏检测时域求解和第3章的泄漏检测全频域法。

　　通过实体模型试验,对管道系统的特性进行了辨识,其中包括典型参数如摩阻系数、阀门特性等。针对管道泄漏瞬变检测法需首先排除压力信号噪声干扰的特点,比较研究了小波去噪、改进神经网络去噪和最小二乘拟合去噪等方法,并提出了信号预滤波和阈值自学习的小波综合滤波方法,通过各种滤波方法的比较和数值模拟对比,证明该滤波方法去噪效果良好。

　　对典型泄漏工况下瞬变时域、频域数学模型作了验证,并将时域反问题分析和全频域泄漏检测方法用于泄漏参数的辨识中,通过GA寻优,辨识结果中流量误差小,定位精度高。时域模型寻优时,每个种群个体须调用瞬变流计算模块,总体寻优上比较耗时,全频域模型仅进行代数运算,寻优速度大大提高。需要指出的是,无论时域还是频域模型泄漏检测方法,其数学模型都必须较精确地模拟整个瞬变过程,非恒定摩阻都必须现场率定。同时,阀门关闭时间产生激励信号对两种方法影响都比较大,数值模拟和试验都说明阀门关闭时间越短,越有利于泄漏参数的辨识。本章最后对本次试验中全频域法计算结果作了讨论,分析激励压头峰值少的原因正是阀门关闭时间太长引起的,建议泄漏瞬变检测法中的阀门动作须由自动控制系统产生,最好产生类似的脉冲信号,同时一组瞬变工况应多次测量,最大可能地提高辨识精度。

第5章　动边界条件下全频域分析
及其抗噪性研究

第3章系统地研究了基于水力瞬变全频域法的泄漏检测,对下游不同阀门激励条件下模型的全频域特性进行了研究,模型中上游水位一直假设是恒定的,国外研究泄漏检测频域法的模型也是如此。本章将首次研究上游水库或调节池动边界条件下基于全频域法的泄漏检测。根据频域模型场矩阵方程,上游水位若是非恒定过程,那么实测水压过程仍是时间的离散函数,研究中可以直接利用阶梯等效法将该实测时域信号变换到频域,或者考虑调节池水位波动的直接变换,这同阀门扰动流量、管道压力实测时域函数的频域变换类似。

5.1　动边界条件下全频域法的数值模拟

5.1.1　动边界条件下管道激励压力频域特性

一般来说,上游为水箱或水库水位,扰动量不会太大。当引入扰动后,此时上游水位是非恒定的,这就涉及其后的瞬变流计算中选取初始条件的问题,这里把水位波动和阀门动作看做同步进行,即阀门扰动的瞬间同时引入上游水位波动。当水库水位恒定时,阀门完全关闭后的瞬变终了时,管道压头等于库水位,当水库(调节池)水位非恒定时,最终压头也呈非恒定流变化。仍以3.7中管道系统为例,上游初始水位为25 m,在阀门动作的开始时刻,引入波动水位,假设其扰动状态为正弦波动,水位过程为 $H = H_0 + \Delta H \sin(\omega \cdot t)$,其中 $\omega = 2\pi f_0$, f_0 为上游振荡频率。只要系统不发生共振($\omega \neq (2n-1) \cdot \omega_{th}$, $n = 1, 2, 3, \cdots$),最终管道中压头也会正弦波动,幅值大小恒定,只是不同点正弦波动的相位不同。那么上述水位过程下水位扰动量的频域函数为 $\Delta h_U = \dfrac{\Delta H}{H} \cdot \dfrac{2\pi f_0}{s^2 + (2\pi f_0)^2}$,其幅值大小与离散频率的选取有关,图5-1给出了该频域函数的幅值曲线,其中 $\Delta H = 0.1$ m, $f_0 = 0.5$ Hz,在此波动条件下,末端阀门突然线性关闭产生激励,图5-2、图5-3分别是管道无泄漏状态下阀门、中点处激励压头的幅频特性曲线,其中该阀门关闭时间为0.1 s。不同于前文水库静边界(恒定水位)条件下压头幅频曲线,图中在 $\omega_r = \pi$ 时,两图中均出现相对的极值点(突变),其他频率范围上基本没有影响。分别取不同的扰动频率,图5-4、图5-5是上游不同频率扰动条件下有、无泄漏时阀门处激励压头的幅频特性曲线。

由图5-4、图5-5可以看出,当上游水库以不同振荡频率波动时,无泄漏时阀门瞬间关闭所激励的管道任意位置处压头由式(3-67)计算,其中 $\Delta h_U = \dfrac{\Delta H}{H} \cdot \dfrac{2\pi f}{s^2 + (2\pi f)^2}$,此时得到的阀门(其他位置)压头在其扰动频率处会出现一个突变,其余频率范围内,变化过程

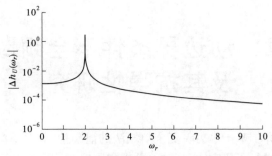

图 5-1　　水库动边界小扰动的频域曲线

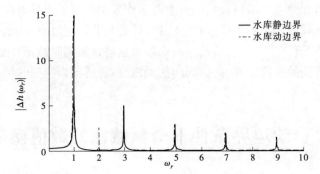

图 5-2　　无泄漏时静、动水边界下末端阀门处的响应压头幅频曲线

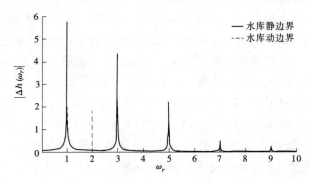

图 5-3　　无泄漏时静、动水边界下管道中点的响应压头幅频曲线

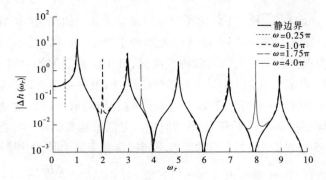

图 5-4　　有泄漏时上游不同扰动频率下末端阀门处的响应压头幅频曲线

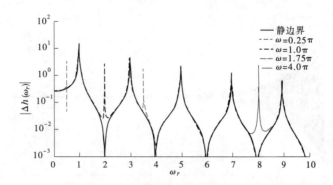

图 5-5   无泄漏时上游不同扰动频率下末端阀门处的响应压头幅频曲线

基本与恒定状态即静边界时一致。当管道有泄漏时,由式(3-73)、式(3-74)计算管道压头,在不同扰动频率下的响应压头如图 5-5 所示,从中也可发现类似的结论,即除了扰动频率上有个幅值分量突变外,其余范围内的变化过程与恒定状态一致。由于上游小波动对有、无泄漏时管道的压头频域变化过程仅在其扰动频率上有较大影响而对其余激励频率上的压头幅值无影响,那么在泄漏反问题求解过程中可以选取特定的频率范围,将有较大影响的频率(扰动频率)去掉,从而实现泄漏定位的顺利求解。

5.1.2   算例数值验证

泄漏检测的比较信号为动边界条件下 IAB 模型的 MOC 法的计算结果。首先分析压头计算结果的时域及频域特性。就上例,当上游水库水位为 $H = H_0 + \Delta H \sin(\omega \cdot t)$。以管道阀门处断面为例,图 5-6 是无泄漏时水库动、静边界条件下瞬变整个过程的压头变化,其中动边界的正弦振荡角频率 $\omega = 1.0\pi$,从图 5-6 中可知,当水库为静边界时,最终水击波收敛到零,动边界时,最终水击波也呈现波动状态且幅值一定,图 5-7 是有泄漏时水库动、静边界条件下瞬变整个过程的压头变化,其中动边界的正弦振荡角频率 $\omega = 4.0\pi$,对比图 5-6,有泄漏时,除了整个过程衰减的更快,其他特征如图 5-6 所描述。

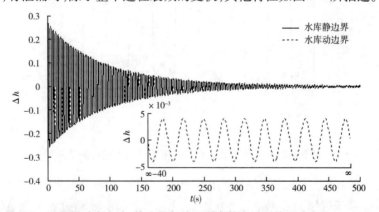

图 5-6   无泄漏时水库动、静边界条件下瞬变整个过程的压头变化($\omega = 1.0\pi$)

图 5-8 还给出了水库动边界不同振幅、不同振荡频率下,阀门关闭激发水击压头的时域波形,与水库静边界对比,上游有水位扰动下对瞬变水击波的衰减和畸变影响比较明

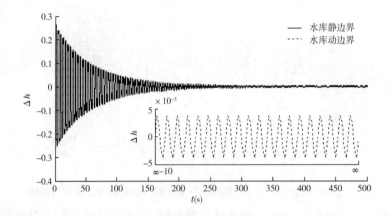

图 5-7　有泄漏时水库动、静边界条件下瞬变整个过程的压头变化（$\omega = 4.0\pi$）

显，在时域波形图中表现为"加噪"特性，且扰动振幅越大、频率越快，压头典型区域畸变的越厉害，如果此时用时域反问题分析去辨识，必然会产生较大偏差，类似于实测比较信号未滤波处理，但是将此时域离散函数变换到频域函数之后，可得出与频域模型相同的结论，即除了水库边界扰动频率值上有个幅值分量突变外，其余范围内的变化过程与水库静边界状态一致，这点从图 5-9、图 5-10 中可以清楚地看到。

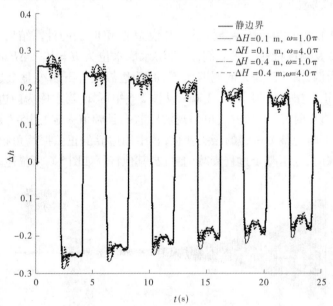

图 5-8　有泄漏时不同水库动边界条件下瞬变整个过程的压头变化

上游动边界条件下，就上述算例进行有泄漏时的辨识。同第 3 章，将 MOC 法计算结果转化为离散频域函数作为目标函数寻优的比较对象。如上游动边界参数 $\Delta H = 0.1$ m，$\omega = 1.0\pi$，泄漏参数为 $l = 0.75$，$Q_{l0} = 10\% Q_0$ 时，用 IAB 模型计算阀门处压头过程如图 5-11 所示，图 5-11 中动边界条件有泄漏时的离散时域信号应用式（3-21）转化到频域，此频域幅值将作为泄漏检测的比较信号。反问题求解中遗传算法计算参数为：初始种群规模为

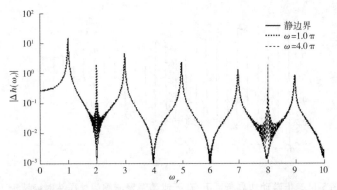

图 5-9　无泄漏时上游不同扰动频率下阀门处压头 MOC 法计算结果的频域变换

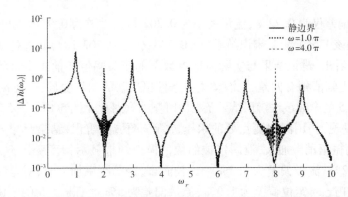

图 5-10　有泄漏时上游不同扰动频率下阀门处压头 MOC 法计算结果的频域变换

30,交叉概率 $p_c = 0.9$,变异概率 $p_m = 0.05$,泄漏相对位置 l 的搜索范围为 $0 < l < 1$,泄漏量的搜索范围为 $0 < Q_{l0} < 0.3Q_0$,取目标函数为式(3-80),本书仅选取幅频特性进行比较,即 $c_{1,i} = 1, c_{2,i} = 0$。泄漏参数分别用 10 位的二进制来编码和解码。直接将目标函数本身作为适应度,根据此适应度对染色体群进行选择、交叉、变异等遗传操作,剔除适应度高的染色体,得到新的群体,反复迭代,直到找到最优值。本节给出了五种泄漏工况条件下的时频曲线对比和全频域法辨识结果,前四种工况的泄漏孔位置距上游水箱 750 m($l = 0.75$),工况 5 的泄漏孔位置距上游水箱 250 m($l = 0.25$),泄漏量均为稳态流量的 10%,五种工况下的动边界条件依次是:$\Delta H = 0.1$ m,$\omega = 1.0\pi$;$\Delta H = 0.4$ m,$\omega = 1.0\pi$;$\Delta H = 0.1$ m,$\omega = 4.0\pi$;$\Delta H = 0.4$ m,$\omega = 4.0\pi$;$\Delta H = 0.4$ m,$\omega = 4.0\pi$。

图 5-11 为动边界条件下工况 1 时 IAB 模型 MOC 法计算的阀门处压头过程,图中仅给出了 0~50 s 的波形,实际上由于管道摩阻和泄漏孔的存在,时域波形最终是收敛的。如前所述,图 5-11 中有泄漏时的压头频域变换后,作为泄漏辨识目标函数中的实测比较信号,即图 5-12 中的有泄漏实测值。目标函数中频率 ω 的总个数为 8 192,频率上限为 10π,不同于第 3 章上游静水位边界的处理,此时,泄漏反问题求解过程中可以选取特定的频率范围,将有较大影响的频率(扰动频率)去掉,本例中 $\omega = 1.0\pi$,即 $\omega_r = 2$ 附近的频率值。其他工况类似处理。表 5-1 给出了该工况下全频域法用遗传优化方法辨识的结果,由表 5-1 可看出,工况 1 种群经过 100 代的进化后,辨识出的泄漏位置为 742.84 m,其

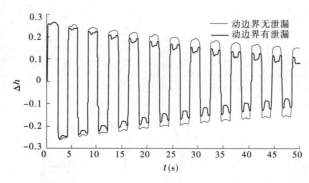

图 5-11　上游动边界条件下有、无泄漏时管道阀门处压头时域波形

（工况 1 动边界：$\Delta H = 0.1$ m，$\omega = 1.0\pi$，泄漏参数：$l = 0.75$，$Q_{l0} = 10\% Q_0$）

定位精度良好，偏差仅为 0.72%，流量大小为 0.202 L/s，偏差为 0.95%，也与实际泄漏量一致，图 5-12 是该工况下泄漏辨识结果（$l = 0.743$，$Q_{l0} = 0.202$ L/s）与有泄漏实测值的对比，从图 5-12 中看出，辨识结果与实际泄漏参数下的压头幅值在前 4 个奇频率上基本一致，较大的频率上幅值稍有偏差，上游动边界条件也反映的比较明显，如在 $\omega_r = 2$ 附近。

　　工况 2、3、4、5 的全频域法辨识结果及相应时频曲线对比见图 5-13 ~ 图 5-20 和表 5-2 ~ 表 5-5，从中可发现，利用阀门测点处的水压进行全频域的辨识，结果都令人满意。动边界条件中仅振荡振幅稍微加大，泄漏定位的数值模拟结果显示精度变化不大，如工况 2，定位偏差为 0.02%，流量偏差为 2.2%。比较而言，振荡频率加大时，对全频域法辨识结果影响稍大，如工况 3，定位偏差为 1.9%，流量偏差为 5%。工况 4、5 的定位结果分别为 $l = 0.721$，$Q_{l0} = 0.210$ L/s 和 $l = 0.226$，$Q_{l0} = 0.239$ L/s，可见当振幅、振荡频率同时较大时，二者的辨识精度均下降，如工况 5 定位偏差为 2.4%，流量偏差达到了 19.3%。对于此物理模型来说，泄漏越接近激励信号产生点（阀门处），辨识效果越好，这点可从工况 4、5 的对比看出。综上所述，在泄漏全频域法反问题求解过程中可以选取特定的频率范围，剔除由动边界条件引起的扰动频率上的幅值分量突变后，可顺利实现泄漏参数的求解，且效果令人满意。

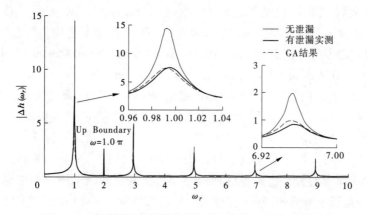

图 5-12　动边界下全频域法辨识结果与有泄漏实测值对比

表 5-1　动边界下泄漏检测频域模型遗传算法辨识结果

（工况 1 动边界：$\Delta H = 0.1$ m, $\omega = 1.0\pi$, 泄漏参数：$l = 0.75$, $Q_{l0} = 10\% Q_0$）

目标函数(3-80)	实际泄漏工况	进化代数	泄漏位置	泄漏量	适应度
比较对象为 MOC 计算值的幅频（阀门处）	$l = 0.75$ $Q_{l0} = 2 \times 10^{-4}$	1	0.739 81	$2.036\ 8 \times 10^{-4}$	$-0.004\ 394\ 2$
		10	0.740 81	$2.024\ 2 \times 10^{-4}$	$-0.004\ 387\ 2$
		100	0.742 84	$2.019\ 0 \times 10^{-4}$	$-0.004\ 384\ 3$

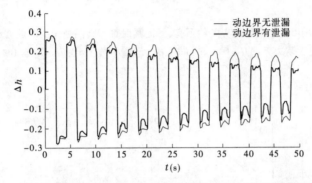

图 5-13　上游动边界条件下有、无泄漏时管道阀门处压头时域波形

（工况 2 动边界：$\Delta H = 0.4$ m, $\omega = 1.0\pi$, 泄漏参数：$l = 0.75$, $Q_{l0} = 10\% Q_0$）

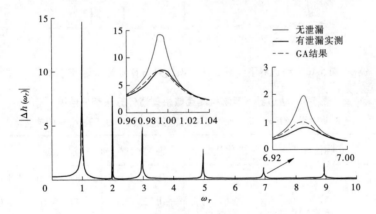

图 5-14　动边界下全频域法辨识结果与有泄漏实测值对比

表 5-2　动边界下泄漏检测频域模型遗传算法辨识结果

（工况 2 动边界：$\Delta H = 0.4$ m, $\omega = 1.0\pi$, 泄漏参数：$l = 0.75$, $Q_{l0} = 10\% Q_0$）

目标函数(3-80)	实际泄漏工况	进化代数	泄漏位置	泄漏量	适应度
比较对象为 MOC 计算值的幅频（阀门处）	$l = 0.75$ $Q_{l0} = 2 \times 10^{-4}$	1	0.734 33	$1.976\ 3 \times 10^{-4}$	$-0.004\ 827\ 2$
		10	0.748 49	$1.960\ 9 \times 10^{-4}$	$-0.004\ 750\ 3$
		100	0.750 15	$1.956\ 7 \times 10^{-4}$	$-0.004\ 748\ 5$

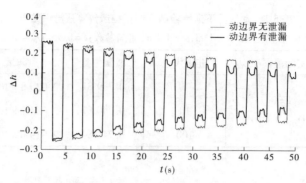

图 5-15　上游动边界条件下有、无泄漏时管道阀门处压头时域波形

（工况 3 动边界：$\Delta H = 0.1$ m，$\omega = 4.0\pi$，泄漏参数：$l = 0.75$，$Q_{l0} = 10\% Q_0$）

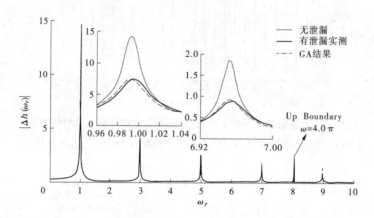

图 5-16　动边界下全频域法辨识结果与有泄漏实测值对比

表 5-3　动边界下泄漏检测频域模型遗传算法辨识结果

（工况 3 动边界：$\Delta H = 0.1$ m，$\omega = 4.0\pi$，泄漏参数：$l = 0.75$，$Q_{l0} = 10\% Q_0$）

目标函数	实际泄漏工况	进化代数	泄漏位置	泄漏量	适应度
比较对象为 MOC 计算值的幅频（阀门处）	$l = 0.75$ $Q_{l0} = 2 \times 10^{-4}$	1	0.592 50	$2.283\ 2 \times 10^{-4}$	$-0.006\ 327\ 9$
		10	0.725 08	$2.174\ 8 \times 10^{-4}$	$-0.003\ 548\ 6$
		100	0.731 31	$2.108\ 0 \times 10^{-4}$	$-0.003\ 514\ 8$

表 5-4　动边界下泄漏检测频域模型遗传算法辨识结果

（工况 4 动边界：$\Delta H = 0.4$ m，$\omega = 4.0\pi$，泄漏参数：$l = 0.75$，$Q_{l0} = 10\% Q_0$）

目标函数	实际泄漏工况	进化代数	泄漏位置	泄漏量	适应度
比较对象为 MOC 计算值的幅频（阀门处）	$l = 0.75$ $Q_{l0} = 2 \times 10^{-4}$	1	0.717 98	$2.000\ 0 \times 10^{-4}$	$-0.004\ 225\ 7$
		10	0.720 02	$2.078\ 4 \times 10^{-4}$	$-0.003\ 850\ 6$
		100	0.721 08	$2.104\ 0 \times 10^{-4}$	$-0.003\ 844\ 6$

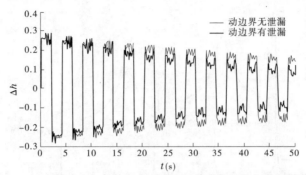

图 5-17　上游动边界条件下有无泄漏时管道阀门处压头时域波形

（工况 4 动边界 : $\Delta H = 0.4$ m, $\omega = 4.0\pi$, 泄漏参数 : $l = 0.75$, $Q_{l0} = 10\% Q_0$ ）

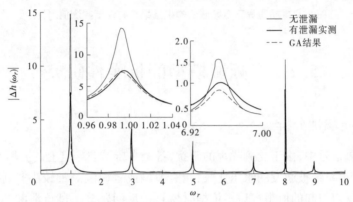

图 5-18　动边界下全频域法辨识结果与有泄漏实测值对比

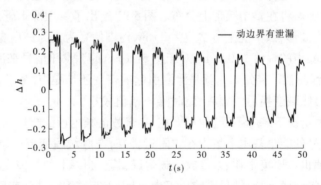

图 5-19　上游动边界条件下有泄漏时管道阀门处压头时域波形

（工况 5 动边界 : $\Delta H = 0.4$ m, $\omega = 4.0\pi$, 泄漏参数 : $l = 0.25$, $Q_{l0} = 10\% Q_0$ ）

表 5-5　动边界下泄漏检测频域模型遗传算法辨识结果

（工况 5 动边界 : $\Delta H = 0.4$ m, $\omega = 4.0\pi$, 泄漏参数 : $l = 0.25$, $Q_{l0} = 10\% Q_0$ ）

目标函数	实际泄漏工况	进化代数	泄漏位置	泄漏量	适应度
比较对象为 MOC 计算值的幅频（阀门处）	$l = 0.25$ $Q_{l0} = 2 \times 10^{-4}$	1	0.174 85	$3.074\ 0 \times 10^{-4}$	$-0.003\ 593\ 9$
		10	0.228 13	$2.376\ 8 \times 10^{-4}$	$-0.002\ 737\ 0$
		100	0.226 38	$2.385\ 2 \times 10^{-4}$	$-0.002\ 735\ 5$

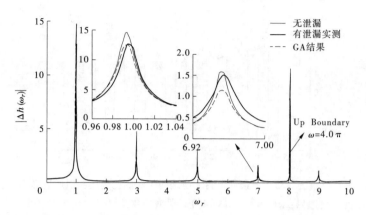

图 5-20　动边界下全频域法辨识结果与有泄漏实测值对比

5.2　全频域模型的抗噪性研究

5.2.1　频域抗噪性分析

在时域检测信号中,由于受到噪声的干扰,各个水压谐波分量上的波形幅值会明显被污染,与正常管道系统被激发的水压比较,当有泄漏或者说泄漏量较小时,幅值的改变究竟是泄漏还是噪声引起的值得探讨。依据时域瞬变反问题分析进行泄漏的辨识,难免会带来误差,虽然可以通过各种滤波方法加以修正。而将时域函数进行频域变换转化为频域后,研究发现白噪声将在整个频带上分布。图 5-21 给出了一工况下管道断面距上游水库 100 m 处的瞬变波形,该工况上游水位为 25 m,污染信号为人为加白噪声后的信号,其中噪声均匀分布,噪声的幅值为 0.5 m,对于图 5-21(a)的源水压信号来说,噪声幅值非常明显,此时如果有泄漏就很难分辨究竟是泄漏引起的畸变还是噪声,为了比较,图 5-21(b)是上述时域两信号频域变换后的幅频,此时噪声幅值较小,而 ω_r 奇数倍频上的频域幅值分量在有无噪声的情况下基本不受影响,即在 ω_r 奇数倍频附近的频域幅值有着较强的信噪比,所含有用信号的能量基本上集中在它附近,同时在频域瞬变反问题中,对辨识结果起主要作用的幅值也主要集中在 ω_r 奇数倍频附近,其余频率上的幅值在有无泄漏时基本无差别,即使它被噪声污染,对结果影响也不大,且由于管道阀门处瞬变压头幅值更大,它也具有更高的抗噪声干扰能力,这一点在图 5-22(b)中表现的更加明显。

5.2.2　算例数值验证

本小节将对管道有泄漏时的加噪信号进行瞬变全频域法检测。便于对比,选择第 3 章的 3.7.1 的算例进行说明。管道泄漏工况 1、2 为 $l = 0.75$, $Q_{l0} = 10\% Q_0$,其中工况 1 的检测时域信号加白噪声,噪声幅值为 0.25 m,工况 2 噪声幅值 0.5 m,泄漏工况 3 为 $l = 0.25$, $Q_{l0} = 10\% Q_0$,加噪幅值为 0.5 m。

图 5-23 为泄漏工况 1 时管道阀门处激励压头的整个瞬变过程,可见噪声污染是很明

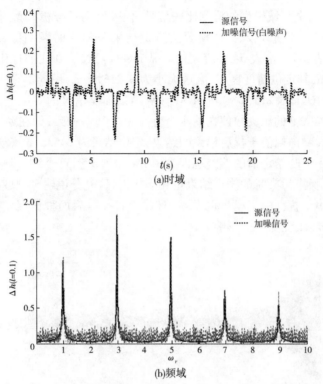

图 5-21　有、无噪声情况下管道距上游水库 100 m 处的瞬变波形

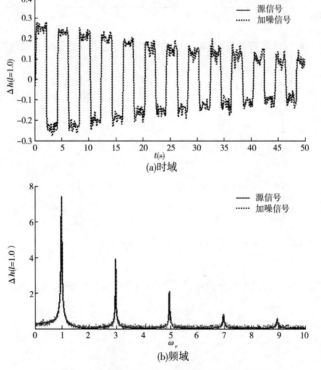

图 5-22　有、无噪声情况下管道阀门处的瞬变波形

显的,将此信号作为全频域模型的检测比较信号,代入反问题分析模型进行泄漏的辨识,具体步骤同第3章。工况1、2、3全频域法辨识结果及相应时频曲线对比见图5-24~图5-26和表5-6、表5-7。由表5-6可看出,工况1种群经过100代的进化后,辨识出的泄漏位置为751.9 m,其定位精度良好,流量大小为0.215 L/s。图5-24是该工况下泄漏辨识结果($l = 0.752$, $Q_{l0} = 0.215$ L/s)与MOC计算结果加噪信号的对比,从图中看出,辨识结果与实际泄漏参数下的压头幅值在前4个奇频率上基本一致,如在$\omega_r = 7$附近吻合良好。工况2为加大噪声幅值干扰后辨识的结果,定位结果为745.5 m,偏差仅为4.5 m,两种工况流量的辨识上与给定值的偏差也仅为7.7%和7.3%,这个结果基本与实际泄漏参数一致,同时与无噪声污染时的辨识结果也相当接近,这充分说明全频域模型比时域模型更能有效的抗噪声干扰。由工况3也发现类似的结论,前后两种情况定位偏差都是6.8 m左右,精度上基本不受噪声的影响。

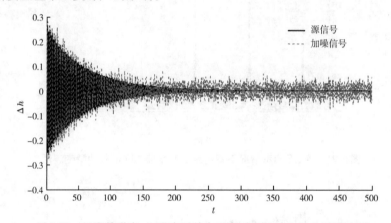

图5-23　泄漏管道有、无噪声时整个瞬变过程阀门处压头时域波形

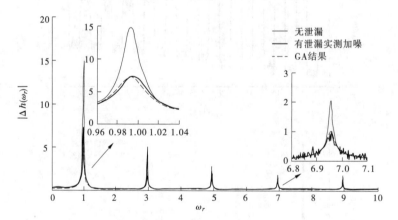

图5-24　工况1的全频域法辨识结果与有泄漏实测加噪值对比

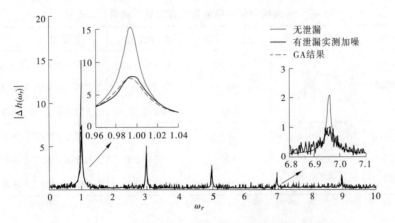

图 5-25　工况 2 的全频域法辨识结果与有泄漏实测加噪值对比

表 5-6　泄漏检测频域模型遗传算法辨识结果（工况 1 和工况 2）

目标函数（3-80）	实际泄漏工况	进化代数	泄漏位置	泄漏量	适应度
比较对象为 MOC 计算值的幅频（阀门处）	$l = 0.75$ $Q_{l0} = 2 \times 10^{-4}$	1	0.835 11	$1.816\ 1 \times 10^{-4}$	$-0.002\ 892\ 7$
		10	0.753 30	$2.135\ 4 \times 10^{-4}$	$-0.001\ 756\ 1$
		100	0.751 49	$2.172\ 8 \times 10^{-4}$	$-0.001\ 752\ 0$
比较对象为 MOC 计算值加噪后的幅频（阀门处）	工况 1	1	0.761 34	$2.235\ 0 \times 10^{-4}$	$-0.009\ 004\ 8$
		10	0.751 47	$2.151\ 8 \times 10^{-4}$	$-0.008\ 916\ 9$
		100	0.751 85	$2.154\ 4 \times 10^{-4}$	$-0.008\ 916\ 7$
比较对象为 MOC 计算值加噪后的幅频（阀门处）	工况 2	1	0.762 10	$1.674\ 6 \times 10^{-4}$	$-0.033\ 678\ 0$
		10	0.746 39	$2.220\ 4 \times 10^{-4}$	$-0.033\ 018\ 0$
		100	0.745 47	$2.146\ 4 \times 10^{-4}$	$-0.033\ 002\ 0$

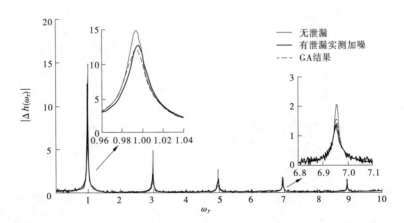

图 5-26　工况 3 的全频域法辨识结果与有泄漏实测加噪值对比

表 5-7　泄漏检测频域模型遗传算法辨识结果（工况 3）

目标函数(3-80)	实际泄漏工况	进化代数	泄漏位置	泄漏量	适应度
比较对象为 MOC 计算值的幅频（阀门处）	$l = 0.25$ $Q_{l0} = 2 \times 10^{-4}$	1	0.188 23	$3.869\ 4 \times 10^{-4}$	$-0.001\ 639\ 3$
		10	0.222 06	$2.729\ 4 \times 10^{-4}$	$-0.001\ 487\ 6$
		100	0.243 28	$2.377\ 6 \times 10^{-4}$	$-0.001\ 460\ 0$
比较对象为 MOC 计算值加噪后的幅频（阀门处）	工况 3	1	0.331 47	$1.722\ 2 \times 10^{-4}$	$-0.009\ 965\ 2$
		10	0.242 55	$2.621\ 8 \times 10^{-4}$	$-0.008\ 919\ 4$
		100	0.243 14	$2.662\ 6 \times 10^{-4}$	$-0.008\ 917\ 8$

5.3　小　结

　　本章首次研究上游动水位边界条件下的全频域数学模型及该模型的抗噪性,主要从数值模拟上与特征线时域法进行比较研究。

　　当上游调节水位以不同振荡频率波动时,大量数值模拟算例表明全频域模型计算得到的阀门(其他位置)压头在其扰动频率处会出现一个突变,其余频率范围内,变化过程基本与恒定状态即静边界时一致。由于上游小波动对有无泄漏时管道的压头频域变化过程仅在其扰动频率上有较大影响而对其余激励频率上的压头幅值无影响,提出在泄漏反问题求解过程中仅选取特定的频率范围,将有较大影响的频率(扰动频率)去掉,来实现泄漏辨识模型的求解,通过算例分析,该法能够顺利实现泄漏参数的求解,且辨识的效果令人满意。

　　分析了检测信号被噪声污染后的时域、频域特性,并与第 3 章无噪声时的算例进行比较,算例辨识结果显示有无噪声对全频域法辨识效果基本无影响,频域模型比时域模型更能有效地抗噪声干扰。

第 6 章　瞬变检测的性能分析

6.1　泄漏检测的最佳测点

管道泄漏检测需要在管道系统安装压力传感器,而在实际输水管道或管网中,沿线布置很多传感器是不现实甚至是不可能的,一般只能是在条件允许的特定位置布置,基于瞬变流分析的时域或全频域法检测泄漏的准确度与测点息息相关。实际上,沿线各个不同测点位置处的压力受泄漏的影响程度是不一样的,这就给泄漏检测提出了问题,即为了获得较高的定位准确度所需最佳测点位置在何处? 采样时间多长时寻优速度快、精度高?

第 3 章探讨了泄漏检测点的最少理论设置数量,本节将对泄漏检测的最佳测点作一说明。前已述及,泄漏检测的瞬变反问题分析本质上是靠测点位置在有、无泄漏时实测信号中反映的水击波衰减和畸变的特性上来检测泄漏,虽然泄漏时各个谐波上衰减不同,但从反问题的目标函数来看,仍是通过给定泄漏参数下使理论计算值与实测值达到最小来辨识泄漏,也就是说,测点处有、无泄漏下水击压力值差别越大,对目标函数求解越有利,定位也越容易。针对这个最优测点问题,本节作了几组有无泄漏情况下的对比试验和数值模拟的对比,管道初始流量为 20 L/s,泄漏量为初始流量的 4%,瞬变靠末端蝶阀瞬间关闭产生,相对开度从 0.2 迅速关闭至 0。图 6-1 ~ 图 6-3 为一工况下,不同测点在管道有、无泄漏时计算压头的对比和二者的均方误差(MSE)大小,三个测点位置上有、无泄漏计算水压间的均方误差分别为 0.019 8、0.078 7、0.226 2,图 6-4 还给出了有、无泄漏时水压计算值的 MSE 随测点位置的变化关系,从图中可清楚地看到随着测点位置的不同,有、无泄漏情况下的计算值的偏差也不同,越靠近下游阀门,二者的 MSE 越大,这说明测点越靠近阀门处(扰动产生位置),泄漏对测点水压影响越大,如图 6-3 中,波峰波谷处的偏差已经很明显,水压对泄漏的敏感程度比 A、C 断面都大,这表明最佳测点位置越靠近扰动

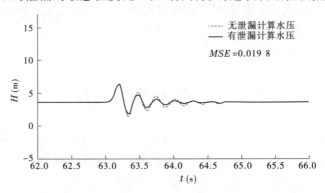

图 6-1　管道有、无泄漏时 A 断面计算压头和二者的均方误差

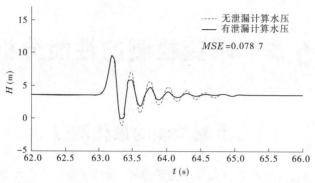

图 6-2　管道有、无泄漏时 C 断面计算压头和二者的均方误差

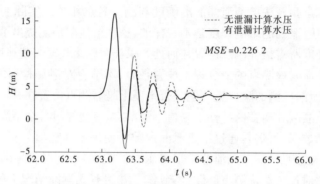

图 6-3　管道有、无泄漏时 F 断面计算压头和二者的均方误差

产生源,本例是阀门,泄漏检测的定位更准确,这与第 3 章的辨识结果的结论一致。

　　理论上讲,泄漏反问题模型中检测数据采集时间越长,泄漏寻优速度会越慢,同时寻优精度会提高,但是从第 4 章的试验结果来看,时间越长,由于非恒定摩阻的影响带来的实测与计算的出入变大,同时加上实测中的随机干扰的累加,较长采样时间下未必寻优效果好,仅选取较明显的前 3～4 个谐波时间上的压力值可能更好,同时仍建议同一组工况多次测量以减小误差干扰。

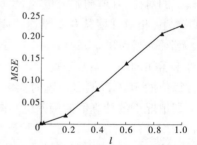

图 6-4　有、无泄漏时水压计算值的 MSE 随测点位置的变化关系

6.2　边界条件的选择

　　利用瞬变流反问题分析来辨识管道系统特性参数如非恒定摩阻、泄漏时,选择不同的边界条件将对瞬变流的模拟产生不同的影响,进而影响参数的辨识效果。本节在数学模型边界条件的选择上建议选择与这两个因素无关的边界。

　　管道末端阀门在骤开骤关过程中易产生间隙死区,常见的是在末端阀门断面处设一压力传感器,那么在计算管道任意断面的压力、流量时,一个最简单的边界条件就是分别测出管道上、下游的压力变化过程,直接将压力作为边界条件,然后进行数值求解。由于非恒定摩阻和管道泄漏两个因素都直接影响着瞬变水击波形的畸变与衰减特性,先考虑无泄漏管道非恒定摩阻系数 k_3 的辨识,即研究不同边界条件的选择对模拟瞬变流辨识非恒定摩阻的影响,此时约定无论是恒定摩阻模型还是非恒定摩阻模型(IAB),管道的初始定常条件是相同的,下面仍以第 2 章的算例来说明。

　　管道系统上游水位(压力)边界为一恒定压头的水库,初始水位 25 m,下游阀门关闭规律给定,为 $\tau = (1 - \frac{t}{Tc})^{1.5}$,如图 6-5 所示,以 IAB 数学模型来计算管道末端阀门处和距上游 750 m 断面处的压头(以断面 1 简称),其中 $k_3 = 0.016$,计算得到的阀门处压头过程如图 6-6 所示,并将这两个断面的压头计算值看做实测值。

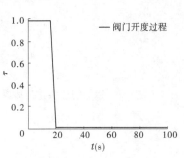

图 6-5　下游阀门关闭过程

　　系统上游水库水位不变,把上述阀门处压头作为下游边界条件时,用传统的恒定摩阻模型($k_3 = 0$)作数值

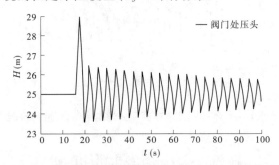

图 6-6　IAB 模型特征线法计算的阀门处压头过程(上游水位边界,下游 τ 边界)

计算,计算得到断面 1 压力过程与上述实测值的对比见图 6-7,由图可见,计算值与实测值基本上没有偏差,这就出现了矛盾,即前者 $k_3 = 0$,后者 $k_3 = 0.016$,但二者计算结果却一样,原因是尽管前者的数学模型中没有考虑非恒定摩阻 k_3,但是下游边界条件中已经包含了非恒定摩阻的影响,也就是说,要想用该断面的水压与给定非恒定摩阻参数计算水压的反问题分析去辨识非恒定摩阻,用已受非恒定摩阻影响的阀门处压头作为边界会失效,必须用不受非恒定摩阻影响的边界条件,而这个边界条件就是阀门开度过程,因为阀门开度过程是独立性的,阀门压头过程却是包含了非恒定摩阻影响的。图 6-8 是把阀门开度作为边界条件用传统的恒定摩阻模型($k_3 = 0$)计算的结果,从中可以看出,计算值与实测值有较大差别,但是它恰恰说明仅用恒定摩阻模型来计算不足以表现瞬变水击波的衰减特性,这种情况下才必须用非恒定摩阻模型来辨识非恒定摩阻系数。把压头作为边界条件用恒定摩阻模型计算却反映了水击波的衰减,这说明有、无非恒定摩阻系数,计算结果都一样。因此,如果非恒定摩阻系数的有无对计算没有影响,那就无法去辨识它。同样,对于泄漏问题在时域或频域内辨识,原理是一样的,也应该选择阀门开度或阀门开度代表的流量作为边界条件。

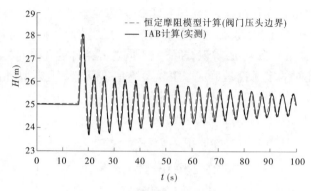

图 6-7　以阀门压头作为边界条件时管道断面 1 处恒定摩阻模型计算压头与实测值对比

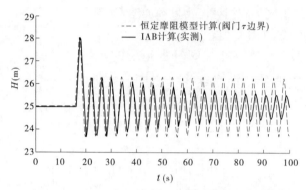

图 6-8　以阀门 τ 作为边界条件时管道断面 1 处恒定摩阻模型计算压头与实测值对比

6.3　初始条件的匹配

由于管道初始条件即定常流状态下的流量、压力对瞬变流的计算有一定的影响,那么当管道有泄漏时,无论是基于时域还是频域模型去辨识系统参数,如泄漏,初始条件的确定对反问题求解结果的正确性都有一定的影响,在应用中应该注意。本节将探讨数学模型中泄漏前后初始条件匹配对泄漏反问题的影响。

在定常流的管道中,如果管道在某点发生泄漏,首先将会引起管道内流体的压力和流量分布规律的变化,其变化规律如图 6-9、图 6-10 所示。在无泄漏情况下,其进出口处的流量保持一恒定值,压力差也恒定,同时压力梯度为一直线。泄漏情况下,其进口处的流量将有所增大,而出口处的流量将减小,稳定后,二者的差值即是稳态下的泄漏量。对图 6-10 来说,泄漏后进出口处的压力相对减小,梯度线在泄漏处发生转折,但进出口处的压力差仍保持不变。

在非定常流的管道中,管道内流体的压力和流量分布是变化的(蔡正敏、彭飞,2002),情况复杂得多。在管道无泄漏情况下,进出口处的流量有可能同时增大或同时减小,保持一定的同步性,即进出口处的压力有可能同时增大或同时减小,保持一定的同步性,但是由于受到管道距离以及流速等其他原因的影响,进出口流量和压力的变化之间有一个时间滞后,这个滞后时间是一个变化的值,它受到流速等因素的影响。在管道泄漏情况下,进出口处的流量变化比较复杂,依据泄漏量的大小,有可能增大,也有可能减小;进出口压力有可能增大,也有可能减小。

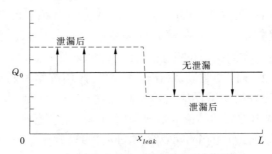

图 6-9　管道恒定流时泄漏前后流量变化规律

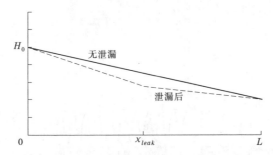

图 6-10　管道恒定流时泄漏前后压力梯度变化规律

利用瞬变流数学模型来辨识泄漏参数,初始条件一方面要满足管道瞬变流的基本方程,对于瞬变之前的定常状态下的初始条件也应该满足。定常状态下的恒定流在边界条件基本不变的情况下可用瞬变流计算,只需较长的模拟时间。而 Liggett 等(1994)在研究利用瞬变流反问题模型辨识泄漏时,系统的初始条件是按定常状态下条件来进行计算的,结果有时不能得到正确结果。下面就一数值算例来说明初始条件对瞬变的影响问题。

试验算例管道基本参数见第 2 章表 2-1 的 No.2,管道末端阀门在前 16 s 内保持全开状态不变,紧接着阀门线性关闭产生瞬变,关闭时间为 4 s,数值计算给出管长相对位置 l 为 0.25 处在 16 个水击周期内压力的变化过程。其中有、无泄漏情况下的初始条件分别由表 6-1 给出。

表 6-1　有、无泄漏时恒定流状态下的初始条件

管道参数	无泄漏初始条件(a)	中点泄漏时初始条件(b)
上游水头(m)	25	25
泄漏孔处水头(m)	24.98	24.97
泄漏孔处上游流量(m³/s)	2.0×10^{-3}	2.052×10^{-3}
泄漏孔处下游流量(m³/s)	2.0×10^{-3}	1.942×10^{-3}
泄漏量(m³/s)	0.0	$1.1 \times 10^{-4}(Q_{l0} = 5.5\% Q_0)$

图 6-11 给出了由下游阀门线性关闭所引起的管道内瞬变水压力变化过程,有、无泄漏的初始条件分别都是满足定常流基本方程的,即表 6-1 各自正确的初始条件。由

图 6-11可以看出,在阀门动作的 0～20 s 内,瞬变压头在有、无泄漏情况下基本一致,随着阀门的完全关闭,有泄漏时水击波明显呈衰减趋势,这也说明泄漏孔的存在对水击波衰减有比较明显的影响。当系统存在泄漏时,如果仍然采用无泄漏时的初始条件,即此时的错误初始条件(a),而仅将泄漏反映在随后的瞬变程序过程中,此时的计算结果对比见图 6-12。显然,采用这种无泄漏时的初始条件进行计算是有误差的,但是从计算结果上看,除了阀门动作之前水压波动明显,存在较大差异,阀门关闭后的瞬变水压波形在两种初始条件下吻合的相当好。这里还给出了相对位置 l 为 0.75 处二者计算的瞬变压头对比(见图 6-13),也可得出类似的结论。造成阀门动作前定常态水压波动大的原因是两种边界条件下的流量差别所激励的 Joukowsky(Wglie,1993)水压差异。因此,采用何种初始条件对泄漏瞬变反问题的求解必然带来误差。

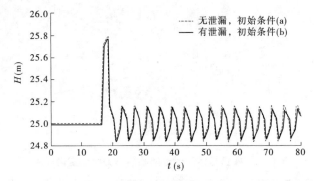

图 6-11　正确的初始条件下有、无泄漏时 $l=0.25$ 处瞬变压头过程

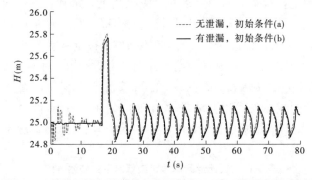

图 6-12　两种初始条件下有、无泄漏时 $l=0.25$ 处瞬变压头对比

实际上,对于一个有泄漏的管道系统,瞬变时的摩阻参数以及泄漏孔位置、泄漏孔大小都是无法预先知道的,在数学模型中,这些参数无论在恒定流下还是非恒定流下都应该率定。而实际利用瞬变模型的数值模拟去辨识泄漏的过程中,定常流时的初始条件一般都是假设无泄漏的,即选择的是错误的边界条件。取模型试验中的边界条件,定常流已知泄漏位置及大小情况下的初始条件和无泄漏初始条件作数值计算,图 6-14 是两种初始条件下有、无泄漏时 C 断面处瞬变压头的比较,从图 6-14 中可以看出,泄漏显著影响着水击波的畸变和衰减,同时两种初始条件仅在定常流开始时有较大偏差($60<t<61$),其后时间段上基本没有差别,这在图 6-14(b)中可以清晰地发现,两种初始条件下瞬变过程中的计算值非常吻合。

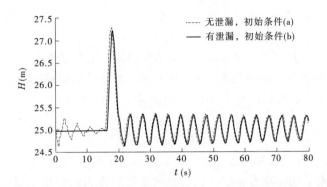

图 6-13　两种初始条件下有、无泄漏时 $l = 0.75$ 处瞬变压头对比

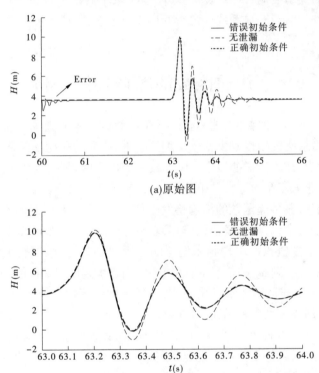

(a)原始图

(b)放大图

图 6-14　两种初始条件下有、无泄漏时 C 断面处瞬变压头比较

　　对于图 6-14 来说,依据数学模型去辨识泄漏如果考虑的是错误的初始条件,即将 $(60 < t < 61)$ 内的数据也代入反问题分析中,难免会有误差,实际数学模型中可通过定常态下的恒定流模型进行泄漏点上下游管道压头、流量初始值的校核来加以修正。假设管道中的某点发生泄漏,因上游水库水位基本保持恒定,那么系统进出口的压力差仍然保持不变,在恒定流状态下,泄漏孔前后断面仍然满足连续性方程,即

$$Q_{l,u} - Q_{l,d} = Q_{l0} \tag{6-1}$$

$$Q_{l0} = C_d A_g \sqrt{2gH_{l0}} \tag{6-2}$$

整个系统由伯努利能量方程,无泄漏时有

$$H_1 - H_2 = \left(\lambda_{l,u} \frac{l_{l,u}}{d_{l,u}} + \xi_{l,u}\right) \frac{Q_0^2}{2gA_{l,u}^2} + \left(\lambda_{l,d} \frac{l_{l,d}}{d_{l,d}} + \xi_{l,d}\right) \frac{Q_0^2}{2gA_{l,d}^2} \tag{6-3}$$

式中：H_1 为上游水压；H_2 为阀门处水压；$l_{l,u}$、$l_{l,d}$ 分别为假定泄漏孔距上、下游断面的距离。

有泄漏时，泄漏孔处形成瞬变负压波，瞬变末了的流动趋于稳定后将导致泄漏孔上游流量变大，下游流量减小，如图 6-9 所示，此时的能量方程为

$$H_1 - H_2 = \left(\lambda_{l,u} \frac{l_{l,u}}{d_{l,u}} + \xi_{l,u}\right) \frac{Q_{l,u}^2}{2gA_{l,u}^2} + \left(\lambda_{l,d} \frac{l_{l,d}}{d_{l,d}} + \xi_{l,d}\right) \frac{Q_{l,d}^2}{2gA_{l,d}^2} \tag{6-4}$$

由式(6-3)可求得局部损失系数，由式(6-1)、式(6-4)，由迭代法易求得泄漏孔上、下游断面在恒定状态下的流量 $Q_{l,u}$ 和 $Q_{l,d}$，此时的流量即作为阀门扰动瞬变前的上、下游管道的初始值，进行后续瞬变的程序计算。此外，为了减小后期在辨识过程中的求解误差，可将定常流的模拟时间加长，取系统稳定后的计算值去求解，或者说只考虑检测信号位于瞬变发生之后的计算值。

6.4　传递函数的频域周期分析

如前所述，当管道发生泄漏时，泄漏孔的两个参数改变了管道的系统特性，即改变了传递函数，从而压力水头的模也发生变化。理论上讲，泄漏的存在仅仅是改变了传递函数幅频特性的幅值大小，在不考虑非恒定摩阻而仅考虑恒定摩阻时，其频率基准周期并没有发生改变。但是当非恒定摩阻系数并不为零时，比较第 3 章得出的式(3-60)和式(3-70)，由于 γ 值发生了变化，其传递函数的结构将发生变化，那么频率周期当然也不仅仅是 ω_{th} 的倍数，对于激励压力来说，幅频极值同样出现在偏离 ω_{th} 的倍数上，这也是第 3 章、第 4 章一些频域波形图中极值幅值出现频率偏移的原因，当非恒定摩阻较大时，偏差甚至较大，如果要将极值都统一到 ω_{th} 的倍数上，必须考虑因非恒定摩阻而改变的理论固有频率。Lee 等(2005)在不考虑非恒定摩阻影响时，其传递函数的幅值在有、无摩阻时，二者之间的关系仅用一个比例放大系数来描述，这在阀门周期振荡条件下对于激发压头幅值的大小描述上可能是简单实用的，但是当阀门瞬间关闭时，其频率基准周期的关系并没有体现出来，换句话说，传递函数并不一定在基准周期 ω_{th} 的整数倍上取得零值或极大值，而是在频率基准周期 ω_{th} 的整数倍附近取得，如仅用一个比例放大系数来描述，由此带来的频率偏移将对其后的泄漏寻优产生影响。本节将探讨考虑非恒定摩阻时，其频率周期的变化问题。

6.4.1　不考虑非恒定摩阻

为便于分析，假设 $Z_U = 0$ 并考虑下游阀门处。由式(3-60)，可得末端传递函数为

$$Z_D = \Phi\gamma\tanh\gamma, \text{那么} |Z_D| = |\Phi\gamma| \cdot |\tanh\gamma| = |\Phi\gamma| \cdot \left|\frac{e^\gamma - e^{-\gamma}}{e^\gamma + e^{-\gamma}}\right| \tag{6-5}$$

由式(3-10)可知

$$\gamma = iT_l\omega \sqrt{1 + \frac{\kappa}{T_w i\omega}}$$

按级数展开可得

$$\gamma = iT_l\omega\sqrt{1 + \frac{\kappa}{T_w i\omega}} = i\omega T_l\left(1 + \frac{\kappa}{2T_w i\omega} - \frac{\kappa^2}{8T_w^2\omega^2} + \cdots\right) \tag{6-6}$$

忽略高阶项式(6-5)变为:

$$|Z_D| = |\Phi\gamma| \cdot |\tanh\gamma| = |\Phi\gamma| \cdot \left|\tanh\left(i\omega T_l + \frac{\kappa T_l}{2T_w}\right)\right| \tag{6-7}$$

由上式可以看出传递函数的周期取决于 $\tanh(i\omega T_l)$,即函数 $\tan(\omega T_l)$ 的周期。

当 $\omega T_l = \dfrac{\pi}{2}(2n-1)$,$n = 1,2,\cdots$,即 $\dfrac{\omega}{\omega_{th}} = \omega_r = (2n-1)$ 时,函数 $\tan(\omega T_l)$ 可取得极大

值,其中基准频率等于固有频率,即 $\omega_{th} = \dfrac{\pi a}{2L}$。

当 $\omega T_l = \dfrac{\pi}{2} \cdot 2n$,$n = 1,2,\cdots$,即 $\dfrac{\omega}{\omega_{th}} = \omega_r = 2n$ 时,函数 $\tan(\omega T_l)$ 可取零值。

图 6-15 给出了模型试验中管道系统的末端阀门处的传递函数的幅频特性曲线,不考

虑非恒定摩阻时,由图 6-15 可见传递函数在 $\dfrac{\omega}{\omega_{th}} = \omega_r = 2n-1$ 时取得极大值,此时 $\omega_{th} = \dfrac{\pi a}{2L} =$

26.44,在 $\dfrac{\omega}{\omega_{th}} = \omega_r = 2n$ 时近似为 0。

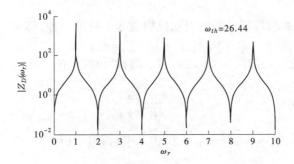

图 6-15　不考虑非恒定摩阻时阀门处传递函数幅频特性

6.4.2　考虑非恒定摩阻

由式(3-70)

$$Z_D = \frac{\Phi r_1 r_2(e^{r_2} - e^{r_1})}{r_1 e^{r_2} - r_2 e^{r_1}} \tag{6-8}$$

其中

$$r_{1,2} = \frac{\mp MsT_l^2/T_w + T_l s\sqrt{M^2 T_l^2/T_w^2 + 4(k_3 + 1) + 4\kappa/T_w s}}{2} \tag{6-9}$$

那么

$$|Z_D| = |\Phi r_1 r_2| \cdot \left|\frac{e^{r_2} - e^{-r_1}}{r_1 e^{r_2} + r_2 e^{-r_1}}\right| \tag{6-10}$$

对比式(6-5)、式(6-10)发现二者的结构类型基本相似,所不同的只是 r 值。当考虑

非恒定摩阻 k_3 时,因 r 值发生变化,那么频率域上的周期也会相应的变化。当 k_3 趋近于 0 时,$r_{1,2} = \gamma$,此时上述传递函数的周期取决于 $\tanh(i\omega T_l)$,即基准周期为 ω_{th},当 k 为较小的数(Vitkovsky 等(2006)的文献中 k 值范围为 $[0.028,0.085]$,Brunone 等(2000)的文献中 k 值范围为 $[0,0.25]$),传递函数的表达式为式(6-10),此时

$$r = T_l s \sqrt{1 + k_3 + \frac{M^2 T_l^2}{4 T_w^2} + \frac{\kappa}{T_w s}} \mp \frac{M s T_l^2}{2 T_w}$$

可写为

$$r = i\omega T_l \sqrt{(1 + \frac{k_3}{2})^2 + \frac{\kappa}{T_w i\omega}} \mp i\omega \frac{kL}{2a} \tag{6-11}$$

一般地,$\frac{kL}{2a}$ 趋近于零,忽略后并将上式展开,得

$$r = i\omega T_l \sqrt{(1 + \frac{k_3}{2})^2} \cdot \sqrt{1 + \frac{\kappa}{T_w i\omega(1 + \frac{k_3}{2})^2}}$$

$$= i\omega T_l (1 + \frac{k_3}{2})(1 + \frac{\kappa}{2 T_w i\omega(1 + \frac{k_3}{2})^2} - \frac{\kappa^2}{8 T_w^2 \omega^2 (1 + \frac{k_3}{2})^4} + \cdots) \tag{6-12}$$

同样地,忽略高阶项,传递函数的周期仅取决于 r 的第一项,那么,当 $\omega T_l (1 + \frac{k}{2}) = \frac{\pi}{2}(2n - 1)$ 时($n = 1,2,\cdots$)即 $\frac{\omega}{\omega_{th}'} = \omega_r = 2n - 1$,函数取得极大值。其中:

$$\omega_{th}' = \frac{\pi a}{2L} \frac{2}{2 + k_3} \tag{6-13}$$

当 $\omega T_l = \frac{\pi}{2} \cdot 2n, n = 1,2,\cdots$,即 $\frac{\omega}{\omega_{th}'} = \omega_r = 2n$ 时,函数可取零值。

图 6-16 是两种模型计算的传递函数幅频周期对比,前者不考虑非恒定摩阻时,类似于图 6-15,传递函数在 ω_{th} 整数倍数上取得极值,后者管道水击的理论固有频率应由式(6-13)计算,如果仍按 ω_{th} 计算,传递函数幅频的极值出现了偏移,随着频率范围的扩大,这种偏差也逐渐扩大。如果按新的计算式(6-13)计算,二者的对比可见图 6-16(b),此时非恒定摩阻中的 $k_3 = 0.06$,$\omega_{th}' = \frac{\pi a}{2L} \frac{2}{2 + k} = 25.67$,两种模型下极值均在频率周期 ω_r 等于整数时出现。

图 6-17 是当非恒定摩阻取不同值时,固有基准频率利用式(6-13)计算得到的传递函数幅频特性曲线,图 6-17(b)是图 6-17(a)在 $\omega_r = 1$ 附近的放大图,由对比图可看出,用式(6-13)计算后,传递函数幅频的极值没有偏移,均是在频率周期 ω_r 等于整数时出现,可见利用新的计算公式(6-13)能较好地克服这种偏移,将极值统一到 ω_{th} 整数倍上。

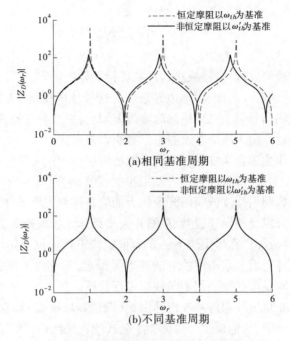

(a)相同基准周期

(b)不同基准周期

图 6-16　两种模型计算的传递函数幅频周期对比

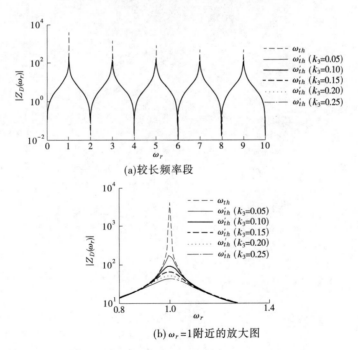

(a)较长频率段

(b) $\omega_r = 1$ 附近的放大图

图 6-17　利用 ω'_{th} 计算的不同 k_3 时的传递函数幅频

6.5　小　结

　　本章对泄漏瞬变检测时域、全频域法的性能进行了分析研究,对几个问题如最优测点位置、管道稳态时的初始条件匹配、模型边界条件的选择作了探讨,认为传感器布置在管道末端阀门前断面检测信号强,有、无泄漏时波形差别大,更有利于检测的准确性,同时也建议在工程实际中对同一组工况应多次测量以减小误差干扰。

　　选择阀门处压头作为边界条件进行系统参数的辨识时,有、无泄漏对激励水压基本无影响,而用阀门开度作为边界条件时,二者差别很大,建议利用瞬变反问题分析模型来辨识管道系统特性时选择阀门开度或阀门开度代表的流量作为边界条件。

　　瞬变时的摩阻参数以及泄漏孔位置、泄漏孔大小都是无法预先知道的,在数学模型给定上述参数时,这些参数无论在恒定流下还是非恒定流下都应该率定。较长时间的定常流模拟后两种初始条件对瞬变水击波的衰减基本无影响,不过为了能更准确地进行泄漏参数的辨识,泄漏后、瞬变前的稳态初始条件应进行校核。

　　本章最后研究了非恒定摩阻对系统传递函数(激励频域压头)周期的影响,提出了新的管道固有频率计算公式,数值模拟结果证明了公式的正确性。

第7章 总 结

7.1 主要结论

管道泄漏检测是目前国际水利工程领域一个热门研究课题,基于瞬变流的频域检测法具有很大的研究和实用价值。本书综合近期该领域的最新研究进展,主要针对调水工程管道系统泄漏瞬变检测方法的理论及应用,系统地做了一些深入性研究,工作涉及瞬变流、泄漏检测理论、模型试验和滤波技术等技术理论,并提出了一些新方法,解决了实际应用中的若干技术问题,通过不同角度的探索性研究,得出了以下研究结论:

(1)基于瞬变时域、频域法的管道泄漏检测首先需要准确模拟管道的非恒定流。非恒定摩阻和管道泄漏两个因素都直接影响着瞬变水击波形的畸变和衰减特性。在分析了近年来几种代表性的非恒定摩阻模型的基础上,重点研究了与瞬时加速度相关的IAB模型,即将瞬时加速度引入到非恒定摩阻中,将摩阻与管道流体特性联系起来,并给出了离散网格和求解方法,将其应用于文献数据和物理模型试验。压力波形对比表明该模型比传统水击模型更能精确地模拟水击波的衰减,但是鉴于实际水击过程中壁面切应力的复杂性,此模型仍然不能完全真实地反映水击实测波形的全貌,IAB模型中的摩阻系数仍需要现场率定。

(2)在管道瞬变的时域分析中,研究了不同泄漏位置、泄漏量大小对瞬变水击波衰减和畸变的影响。当泄漏孔越接近末端激励信号产生点(阀门),泄漏量越大,水击波衰减的越快,据此从机理上研究了全频域法用于泄漏检测的可行性并得出以下结论:当末端阀门动作是小开度快速关闭时,无泄漏时管道末端的压力水头的模与定义的传递函数和阀门流量拉氏变换有关,传递函数与系统的特性相关,流量拉氏变换与关闭特性相关,且在一定频率范围内,流量拉氏变换为线性单调,即压力水头的模与传递函数为线性关系。当有泄漏孔时,由于泄漏孔的两个参数改变了管道的系统特性,即改变了传递函数,从而压力水头的模也发生变化。

(3)建立了适合各种边界条件的管道瞬变流频域数学模型,并应用拉氏变换原理导出了实测离散函数的频域数学模型,即用连续阶梯函数近似表示实测信号,并将之转换到频域。在此基础上,提出完全在频域中检测管道泄漏的新方法,称为管道泄漏检测的全频域法。全频域法与以前频域法的差别有两点:一是边界条件不受限制,二是泄漏检测完全在频域中完成,无需求任何一点的付氏逆变换时域函数。分析了常见的不同管道进出口边界条件下,完成管道泄漏检测需要配置的检测传感器数量,通过数值模拟检验了管道泄漏检测全频域法的有效性。

(4)由成果(1),考虑水力瞬变中非恒定摩阻的影响,将泄漏参数反映在建立的瞬变流全频域数学模型中,得出了有、无泄漏情况下管道任意位置处的传递函数及压头、流量表达式。类似于水力瞬变时域反问题分析方法,以实测和计算频域幅值的均方误差为目标函数,应用遗传优化算法确定泄漏点和泄漏量。该模型完全在频域内分析,不需要涉及微分方程,求解只需要进行复数的代数运算,阀门操作易于实现,避免了特殊扰动带来的操作困难。

(5)对泄漏检测的物理模型进行了试验研究。基于泄漏检测模型试验,对管道系统特性进行了辨识,分析了测量信号中的噪声来源,在对比研究传统小波去噪、改进神经网络去噪、最小二乘拟合去噪等方法在实测数据中去噪效果的基础上,提出了信号预滤波结合阈值自学习小波去噪的综合滤波方法。该法通过对恒定状态下带噪压力信号阈值自学习使得重构信号与期望输出均方误差最小来获得单一工况下的最佳去噪阈值,再将此阈值用于同一工况下整个时间段的去噪,不同工况下得到不同的最佳阈值进而获得最优输出。数值计算对比证明该法对噪声抑制作用明显,比传统小波去噪、改进神经网络去噪等方法效果更好。同时,利用实体模型试验的部分瞬变工况数据检验了瞬变流 IAB 模型、时域法和泄漏检测的全频域法,验证结果良好。

(6)首次研究上游动水位边界条件下的全频域数学模型,主要从数值模拟上与特征线时域法进行比较研究。当上游调节水位以不同振荡频率波动时,大量数值模拟算例表明全频域模型计算得到的阀门(其他位置)压头在其扰动频率处会出现一个突变,其余频率范围内,变化过程基本与恒定状态即静边界时一致。上游小波动对有、无泄漏时管道的压头频域变化过程仅在其扰动频率上有较大影响,对其余激励频率上的压头幅值无影响,因此可以在泄漏反问题求解过程中选取特定的频率范围,将有较大影响的频率(扰动频率)去掉,从而实现泄漏定位的顺利求解。

(7)对影响泄漏瞬变检测性能的几个问题如最优测点位置、管道稳态时的初始条件匹配、模型边界条件的选择及频域模型中传递函数的周期作了探讨,认为传感器布置在管道末端阀门前断面检测信号强,有、无泄漏时波形差别大,更有利于检测的准确性,建议利用瞬变反问题分析模型来辨识管道系统特性时选择阀门开度或阀门开度代表的流量作为边界条件。另外,研究非恒定摩阻对系统传递函数(激励频域压头)基准周期的影响,提出了新的管道固有频率计算公式,数值模拟结果证明了该公式的正确性。

7.2　创新点

(1)建立了适合各种边界条件的管道水击频域数学模型,并应用拉氏变换原理导出了实测离散函数的频域数学模型。在此基础上,提出完全在频域中检测管道泄漏的新方法,称为管道泄漏检测的全频域法。全频域法与以前频域法的差别有两点:一是边界条件不受限制,二是泄漏检测完全在频域中完成,无需求任何一点的付氏逆变换时域函数。通过该法完成了两种激励边界条件下泄漏的辨识。

(2)用遗传优化算法结合考虑非恒定摩阻的瞬变流模型对建立的目标函数进行优化求解,数值模拟和模型试验表明该算法的寻优效果良好,无论时域、频域,整个过程未陷入局部最小。

(3)提出了信号预滤波结合阈值自学习小波去噪的综合滤波方法。数值计算对比证明该法对噪声抑制作用明显,比传统小波去噪、改进神经网络去噪等方法效果更好。

(4)首次研究上游动水位边界条件下的全频域数学模型及该模型的抗噪性,提出在泄漏反问题求解过程中仅选取特定的频率范围,将有较大影响的频率(扰动频率)去掉,来实现泄漏辨识模型的求解,通过算例分析,该法能够顺利实现泄漏参数的求解,且辨识的效果令人满意。

7.3 不足及工作展望

在完成此项研究的过程中,作者也深刻意识到在以下方面仍需深入研究:

(1)阀门快速关闭下,利用水击第一个压力波辨识泄漏,尤其是反映泄漏量参数的计算公式需要模型试验验证。

(2)当系统复杂、泄漏点较多时,应用瞬变的时域、全频域法去辨识有待进一步研究,而且有相当难度。

附　录

附录 1　Matlab 与 C 语言混合编程

数值计算多用 C/C++、Fortran 等计算机语言编写,这些语言在进行迭代计算方面效率极高。Matlab 作为一种科学计算软件,它具有功能强大、实用工具箱多的特点,但它本身是解释型语言,在处理含有大量循环语句时,速度较慢。如放弃它的应用工具箱,无疑是资源的浪费,而要将写好的 C/C++、Fortran 计算程序重新改写为 M 文件移植到 Matlab 中,不仅耗费时间和精力,而且常常会降低运行效率。这就要求将二者的优势结合起来进行程序的开发,混合编程是一个很好的途径,就是利用 Matlab 应用程序接口(API)来解决这些问题。API 主要包括 3 部分:MEX 文件、MAT 文件应用程序、计算引擎函数库。其 MEX 文件是用 C/C++、Fortran 编写的源程序,在 Matlab 下借助相应的编译器,生成的动态链接库的统称。

一、MEX 源程序

一个典型的 C 语言 MEX 文件,程序由两个部分构成:一个计算功能子程序和一个入口子程序(mexFunction())函数。所有实际所需要完成的功能、算法都包含在计算功能子程序中,已有的或现编写的 C/C++、Fortran 程序就被当做计算功能子程序使用,它由入口子程序调用。入口子程序联系着 Matlab 系统和外部程序,主要完成二者的数据通信。在程序中,mexFunction()函数有大量语句是用于检查变量的数据类型等辅助性工作,这是必要的,因为 Matlab 语言不像 C/C++ 等语言变量使用前须声明,对类型的检查可以避免许多错误的发生。

例:leak. c 数值计算程序

```
extern void leak(double * qleak,double * xleak,double * H_1,double * H_2)
{
//泄漏检测 c 数值计算程序模块的代码(省略),主要包括:
    读上下游边界条件;
    主要计算循环体;
    结果的输出
}
void mexFunction( int nlhs, mxArray * plhs[ ],
    int nrhs,const mxArray * prhs[ ])
{
```

//定义输入变量和输出变量的类型和维数

//定义输入变量的指针:包括泄漏量、泄漏位置

```
double * qleak, * xleak;
```

//定义输出参量的指针:在上述泄漏参数下,管道某点(以断面位置表示)
的计算压头,可以有更多输出情况,一般的,$H = H(t)$

```
double * H_1, * H_2;
```

//定义上述输入、输出指针的行、列数

```
int mrows0, ncols0, mrows1, ncols1, mrows2, ncols2;
```

//以下为检查变量的数据类型等辅助性工作

```
if(nrhs! = 2)
{
    mexErrMsgTxt("Two input arguments required. ");
}
else if(nlhs > 1)
{
    mexErrMsgTxt("Too many output arguments. ");
}
mrows0 = mxGetM(prhs[0]);
ncols0 = mxGetN(prhs[0]);
if(! mxIsDouble(prhs[0]) || mxIsComplex(prhs[0]) ||
   ! (mrows0 = = 1 && ncols0 = = 1))
{
    mexErrMsgTxt("inputs must be all nocomplex scalar double. ");
}
mrows1 = mxGetM(prhs[1]);
ncols1 = mxGetN(prhs[1]);
if(! mxIsDouble(prhs[1]) || mxIsComplex(prhs[1]) ||
   ! (mrows1 = = 1 && ncols1 = = 1))
{
    mexErrMsgTxt("inputs must be all nocomplex scalar double. ");
}
if(mrows0! = mrows1 || ncols0! = ncols1)
{
    mexErrMsgTxt("inputs must be same dimension. ");
}
```

//设定输出参数的维数

```
mrows2 = valve(给定);维数与时间 t 有关
```

```
        ncols2 = 1;假设为一维
//生成输出参数的 mxArray 结构体
        plhs[0] = mxCreateDoubleMatrix(mrows2,ncols2, mxREAL);
plhs[1] = mxCreateDoubleMatrix(mrows2,ncols2, mxREAL);
//获取输入、输出参数的指针
        qleak = mxGetPr(prhs[0]);
        xleak = mxGetPr(prhs[1]);
        H_1 = mxGetPr(plhs[0]);
        H_2 = mxGetPr(plhs[0]);
//调计算子程序
        leak(qleak,xleak,H_1,H_2);
        return
        free(qleak),free(xleak);
        free(H_1),free(H_2);
    }
```

在 Matlab 中通过 mex 编译,生成动态链接库文件,如 leak. dll,这样在 Matlab 中调用就相当于调它自己的内建函数一样,从而避免了 Matlab 中重复的算法设计工作。

二、MEX 文件的调试(C 语言程序代码的调试)

对 MEX 程序的调试可以在 VC IDE 中完成。对于上例(leak. dll),先建立一个空的 Win32 Dynamic-Link Library 工程如 leak,在工程中加入 leak. def 文件(与工程同名),该文件中包含两行代码,一行是代码 LIBRARY leak. dll,它表示生成的动态链接库文件名,另一行是 EXPORTS mexFunction,表示输出函数名为 mexFunction。将 C 语言 MEX 文件加入工程中,其中包括\extern\include 目录中的 mex. h 头文件包含。在工程设置的静态库 Link 中加入静态库文件 libmx. lib、libmex. lib、libmat. lib(调用 mx 函数和 mex 函数),Output file name 项设为 leak. dll,并将 Debug 中的 Executable for debug session 项设为 Matlab 安装目录下的\bin\win32\Matlab. exe,在弹出的对话框中选择 C/C + + 选项卡,在 Preprocessor 选项中出现的 Preprocessor definitions 中填入 MATLAB_MEX_FILE。编译时将在工程路径中产生 leak. dll 文件。调试时将调用 Matlab 窗口,在 Matlab 中执行一条调用该 leak. dll 文件的语句,将重新回到 VC 调试窗口中,然后通过设置断点对 C 语言源程序进行按步调试。通过 MEX 程序,Matlab 可以将大规模的数据处理及迭代循环交给 C 语言函数来完成,以解决 Matlab 的执行效率问题,大大提高数值计算和分析的效率,且可以充分利用一些已经完成的 C 语言算法资源,减少在 Matlab 中的重复开发。

附录2 管道有、无泄漏时沿程水压变化过程

管道有、无泄漏时沿程水压变化过程见附图2-1、附图2-2。

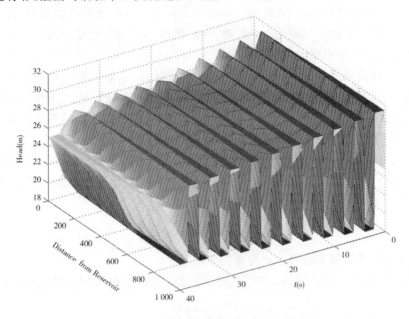

附图2-1 无泄漏时管道沿程水压变化过程

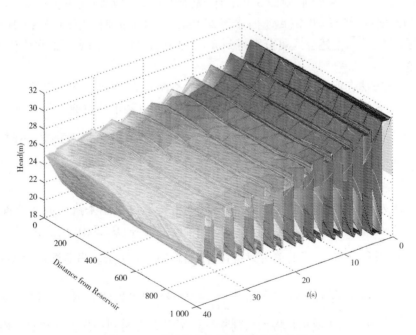

附图2-2 有泄漏时管道沿程水压变化过程

附录 3　驻波原理检验法

当末端阀门正弦扰动激励下,由第 3 章管道无泄漏时阀门处的压头的频域特性曲线可知,无论是幅频还是相频,二者的最大峰值均出现在固有频率的奇数倍上,且任意两极大值或极小值之间的频率间隔是一个常数,即幅值等频率间接变化。当有一个泄漏孔存在时,频域压头在单个频率上的衰减规律不同,且都与频率相关,不同位置的泄漏对应着不同的频域特性变化规律,相同泄漏位置不同泄漏量时,在整个频率轴上的衰减规律一致,都呈现一定的正弦或余弦规律,但是单个频率幅值上,泄漏量越大,衰减的也越大。这种泄漏引起的频域变化规律对泄漏的辨识提供了有价值的信息,先后有学者研究这种峰值相对位置利用驻波原理来判断泄漏的大致位置——驻波原理检验法。

原理:向一段故障电缆输入一个具有连续频率分布的宽频带信号时(入射点到故障点的长度为 X),在入射点就可测到一个振幅随频率连续变化的曲线图。其中,任意两极大值或两极小值之间的最小频率间隔是一个常数,其值为

$$\Delta f = \frac{a}{2X} \text{ 或者 } \Delta\omega = \frac{a\pi}{2X}$$

式中:a 为波速;Δf 为频率间隔;$\Delta\omega$ 为角频率间隔。

当在管道末端阀门连续激励信号时,此时故障点(X 从阀门算起)的定位公式为

$$X = \frac{a\pi}{\omega_{th}}\left(\frac{1}{\Delta\omega_r}\right) = \frac{2L}{\Delta\omega_r}$$

如第 3 章阀门振荡算例,附图 3-1 是有、无泄漏时阀门处频域压头过程,无泄漏时,$\Delta\omega_r = 2$,当泄漏位置为 $l = 0.8$(距上游水库 200 m,$X = 200$ m)时,由图可知,此时的 $\Delta\omega_r = 15 - 5 = 10$,将之代入上述公式可分别得到 $X = 1\ 000$ 或 200 m,即实际的水库位置和泄漏点位置。

不过上述方法在泄漏点位于一般位置时(X 不能被 $2L$ 整除)有一定的局限性,考虑到附图 3-1 这种波形呈现一定规律波动,Covas 等又提出基于驻波原理的频谱分析方法,即将附图 3-1 的波形再作 FFT 变换,直接分析 $\frac{1}{\Delta\omega_r}$ 上的傅立叶系数来获得,由附图 3-2 和定位公式,可得泄漏位置为 $2\ 000 \times 0.405 = 810(\text{m})$ 和 $2\ 000 \times 0.095 = 190(\text{m})$,与实际泄漏位置比较接近,同时该法与 MOC 法的对比可见附图 3-3。

Covas 认为在傅立叶变换图上 $[0, 0.25]$ 频率上的值可以用来辨识泄漏位置,但是在本书算例中发现幅值最大值不仅在 $[0, 0.25]$ 出现,同时在 $[0.25, 0.5]$ 上出现,且二者关于 $\frac{1}{\Delta\omega_r} = 0.25$ 对称分布,二者的值有时很接近,如附图 3-4 所示。当泄漏位置关于中点对称时,如 $l = 0.2$ 和 $l = 0.8$,如附图 3-3,在 $\frac{1}{\Delta\omega_r} = 0.095$ 均出现较大值,这时再用定位公式来计算,泄漏位置是 0.2 或 0.8 将无法判断。算例研究表明利用压头相频的 FFT 变换系数可以克服上述困难,但实际运用时幅频极值可以测得,相频不易得到。鉴于此,本书第 3 章尝试应用全频域模型的反问题分析方法来进行振荡激励条件下泄漏的辨识。

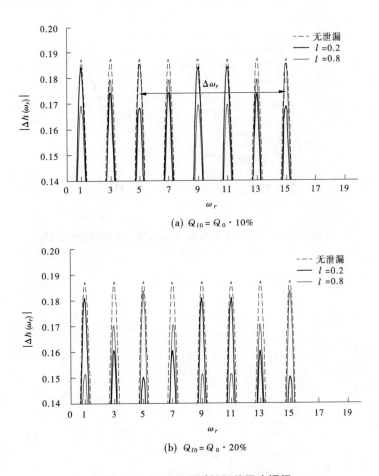

(a) $Q_{l0} = Q_0 \cdot 10\%$

(b) $Q_{l0} = Q_0 \cdot 20\%$

附图 3-1　有、无泄漏时阀门处压头幅频

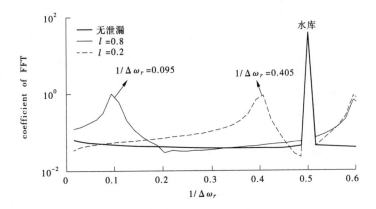

附图 3-2　附图 3-1 频域波形的傅立叶变换

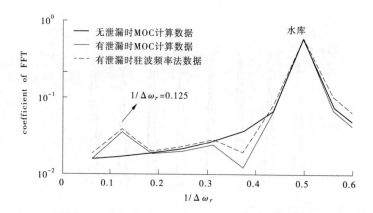

附图 3-3　驻波频域法与 MOC 计算值傅立叶变换后的对比

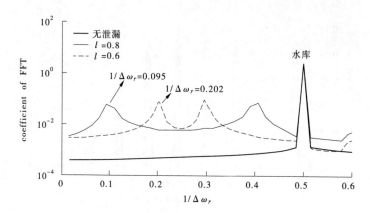

附图 3-4　其他位置泄漏时频域波形的傅立叶变换

参 考 文 献

[1] 吴基胜,葛成茂.英国供水泄漏管道及我国的现状[J].给水排水,1997,23(11):55-57.

[2] 张国良.21世纪中国水供求[M].北京:中国水利水电出版社,1999.

[3] 杨开林,石维新.南水北调中线一期工程北京段管涵输水方案的优化[R].北京:中国水利水电科学研究院,北京市水利规划设计研究院,2003.

[4] 杨开林,王涛,郭永鑫,等.引渤济锡海水输送工程[J].南水北调与水利科技,2007,5(3):78-82.

[5] 冯健.流体输送管道泄漏智能诊断与定位方法的研究[D].东北大学博士学位论文,2005.

[6] Witness M, Sarah L G, Chaudhry M H. Leak Detection in Pipes by Frequency Response Method[J]. Journal of Hydraulic Engineering,2001,127(2):124-147.

[7] 文静.供水管网泄漏检测定位中的信号处理研究[D].重庆:重庆大学博士学位论文,2007.

[8] 潘家华.我国管道工业当前发展中的一些重要课题[J].油气储运,2003,22(1):1-3.

[9] Colombo A F, Karney B W. Energy and costs of leaky pipes: toward comprehensive picture[J]. Journal of Water Resources Planning and Management,2002,128(6):441-450.

[10] Brunone B, Ferrante M. Pressure waves as a tool for leak detection in closed conduits[J]. Urban Water, 2004,1(2):145-155.

[11] 王占山,张化光,冯健,等.长距离流体输送管道泄漏检测与定位技术的现状与展望[J].化工自动化及仪表,2003,30(5):5-10.

[12] 陈华敏,师学明,张云姝,等.管道泄漏检测技术进展[J].安全与环境工程,2003,10(3):58-61.

[13] Weimer D. Leakage control[J]. Water Supply IWSA European Specialized Conference on Managing Water Distribution Systems. 1992:169-176.

[14] Martin M. New vapor method detects and locates leaks from pipelines[J]. ASTM Special Technical Publication Symposium on Leak Detection for Underground Storage Tanks,1993:123-130.

[15] Modisette J L. Leak detection: what works, what doesn't[J]. Gas Industries,1995,39(9):23-25.

[16] Rapaport D. Tracer compounds help find tank and pipeline leaks[J]. Materials Performance,1992, 31(2):40-41.

[17] Campbell F C. Distribution system leakage survey[J]. Journal of the American Water Works Association, 1970,62(7):400-402.

[18] Cole S E. Methods of leak detection: an overview[J]. Journal of the American Water Works Association, 1979,71(2):73-75.

[19] Ellul I R. Advances in pipeline leak detection techniques[J]. Pipes & Pipeline International,1989, 34(3):7-12.

[20] 龚斌,李兆南,殷天舟,等.压力管道泄漏声发射信号能量累计特性研究[J].压力容器,2007(2).

[21] 李善春,郭福平,王为松.压力管道泄漏声发射监测试验研究[J].无损检测,2007(2).

[22] Fuchs H V, Riehle R. Ten years of experience with leak detection by acoustic signal analysis[J]. Applied Acoustics,1991,33(1):1-19.

[23] Miller R K, Pollock A A, Watts D J. A reference standard for the development of acoustic emission pipeline leak detection techniques[J]. NDT&T International,1999,32:1-8.

[24] Rocha S M. Acoustic monitor leak detection: an overview demonstration[J]. ASME Petroleum Division, 1988:65-66.

[25] Brodetsky I,Savic M. Leak monitoring system for gas pipelines[J]. Proceedings of IEEE Internatinal Conference on Acoustics,Speech and Signal Processing,Digital Speech Processing,1993:11117-11120.

[26] 夏海波,张来斌,王朝晖.国内外油气管道泄漏检测技术的发展现状[J].油气储运,2001,20(1): 1-5.

[27] 丁辉,王立,张贝克,等.现代管道泄漏检测技术[J].现代科学仪器,2005(6):11-15.

[28] 姚岚,余海潮,姜德生.一种新型光纤湿度敏感元件[J].传感器技术,2001,20(2):9-11.

[29] Kurmer J P. Distributed fiber optic acoustic sensor for leak detection[C]. Proceedings of the International Society for Optical Engineering:1991.

[30] Kasch M. Leak detection and online surveying at underground gas pipeline using fiber optic temperature sensing[J]. Oil Gas-European Magazine,1997,23(3):17-21.

[31] Calcatelli A,Bergoglio M,Mari D. Leak detection,calibrations and reference flows:practical example[J]. Vacuum,2007,81:1538-1544.

[32] Muggleton J M. Wave number prediction of waves in buried pipes for water leak detection[J]. Journal of Sound and Vibration,2003,249(5):939-954.

[33] 王立宁,李健,靳世久.热输油管道瞬态压力波法泄漏点定位研究[J].石油学报,2000,21(4): 93-97.

[34] 王立宁.原油输送管道泄漏检测理论及其监测系统的研究[D].天津:天津大学博士学位论文, 1998.

[35] Misiunas D,Vitkovsky J,Olsson G,et al. Pipeline break detection using pressure transient monitoring[J]. Journal of Water Resources Planning and Management,2005,131(4).

[36] Scott S L,Satterwhitee L A. Evaluation of the back pressure technique for blockage detection in gas flow-lines[J]. Journal of Energy Resources Technology,1998,120:27-31.

[37] Liou J C P. Mass imbalance error of water-hammer equations and leak detection[J]. Journal of Fluid Engineering Transactions of the ASME,1994,116:103-109.

[38] Liou J C P. Leak detection by mass balance effective for norman wells line[J]. Oil and Gas Journal, 1996,94(17):4-7.

[39] Liou J C P. Pipeline leak detection based on mass balance[C]. Proceedings of the International Conference on Pipeline infrastructure:1993.

[40] Dennis W H. Real-time transient model for batch tracking,line balance and leak detection[J]. Journal of Canadian Petroleum,1981,10(1-9):46-52.

[41] Zhang J. Statistical leak detection in gas and liquid pipeline[J]. Pipes&pipelines International,1993, 38(4):26-29.

[42] Zhang J. Designing a cost-effective and reliable pipeline leak detection system[J]. Pipes&pipelines International,1997,42(1):20-26.

[43] Zhang J. Statistical pipeline leak detection for all operating conditions[J]. Pipeline and Gas Journal, 2001,229(2):42-45.

[44] Abdulrahman M A. Improving leak detectability in long liquids pipelines[D]. Ph. D thesis,Department of Civil Engineering,Colorado State University,Colorado,USA:1995.

[45] 杨开林.热力管网瞬变泄漏检测数学模型研究[J].水利学报,1996(5):50-56.

[46] 白莉,岳前进,李洪升.基于水力瞬变与扩展卡尔曼滤波的管道流态监测与泄漏定位[J].计算力学学报,2005,22(6):739-744.

[47] 王海生,叶昊,王桂增.基于小波分析的输油管道泄漏检测[J].信息与控制,2002,31(5):456-460.

[48] 王桂增,董东. Kalman 滤波器在长输管道泄漏诊断中的应用[J]. 自动化学报,1990,16(4): 303-309.

[49] Hao Y, Guizeng W, Chongzhi F. Application of wavelet transform to leak detection and location in transport pipelines[J]. Engineering Simulation,1996,13:1025-1032.

[50] 李剑平,赵喜萍. 小波分析在输水管道泄漏检测系统中的应用[J]. 水利水电技术,2006,37(8): 101-103.

[51] 丁浩,张星臣. 长距离输油管道泄漏检测技术研究[J]. 北京交通大学学报,2004,28(6):82-86.

[52] 邓鸿英,杨振坤,王毅. 基于负压波的管道泄漏检测与定位技术研究[J]. 计算机测量与控制,2003, 11(7):481-489.

[53] 夏海波,张来斌,王朝晖. 小波分析在管道泄漏信号识别中的应用[J]. 石油大学学报,2003,27(2): 78-80.

[54] 夏海波,张来斌,王朝晖. 基于 GPS 时间标签的管道泄漏定位方法[J]. 计算机测量与控制,2003, 11(3):161-162.

[55] 王朝晖. 液体输送管线小泄漏诊断技术的研究[J]. 石油机械,2003,31(8):37-39.

[56] 朱晓星,趁悦,王桂增,等. 仿射变换在管道泄漏定位中的应用[J]. 山东大学学报,2005,35(3): 32-35.

[57] 唐秀家. 基于神经网络的管道泄漏检测方法和仪器[J]. 北京大学学报,1997,33(3):319-326.

[58] 唐秀家. 供水管网泄漏检测定位方法及仪器[J]. 水利学报,1997(9):19-25.

[59] 唐秀家. 不等温长输管道泄漏定位理论[J]. 北京大学学报,1997,33(5):575-579.

[60] 路炜,文玉梅. 供水管道泄漏定位中基于互谱的时延估计[J]. 仪器仪表学报,2007,28(3): 504-509.

[61] 文静,文玉梅,李平. 多阶采集原理及其应用[J]. 数据采集与处理,2004,19(2):130-134.

[62] 文静,文玉梅,李平. 周期非均匀采样带通信号的采样参数[J]. 数据采集与处理,2006,21(1): 108-112.

[63] 杨进,文玉梅,李平. 泄漏声振动传播信道辨识及其在泄漏点定位中的应用[J]. 振动工程学报, 2007,20(3):260-267.

[64] 王潜龙,冯全科,屈展,等. 基于声发射与小波包理论的压力管道泄漏检测[J]. 西安交通大学学报, 2003,37(5).

[65] 张建利,佟凯,马放. 相关分析法管道漏点定位系统的试验研究[J]. 哈尔滨工业大学学报,2007, 39(6):875-878.

[66] 陈仁文. 小波变换在输油管道漏油实时监测中的应用[J]. 仪器仪表学报,2005,26(3):242-245.

[67] 王帮峰,陈仁文. 基于应力波检测的输油管道泄漏定位监测系统[J]. 仪器仪表学报,2007,28(6): 1012-1017.

[68] 陈华立,叶昊. 基于图像处理的管道泄漏检测与定位[J]. 清华大学学报,2005,45(1):119-122.

[69] 蔡正敏,彭飞. 长输管道泄漏故障诊断方法的研究[J]. 应用力学学报,2002,19(2):38-43.

[70] 郭亚军,聂伟荣,朱继南,等. 基于 3 个传感器的管道泄漏相关定位算法[J]. 南京理工大学学报, 2003,27(6):682-685.

[71] Jian F, Huaguang Z. Oil pipeline leak detection and location using double sensor pressure gradient method[C]. 2004 World Congress on Intelligent Control and Automation, Hangzhou:2004.

[72] 冯健,张化光. 管道泄漏计算机在线检测系统及其算法实现[J]. 控制与决策,2004,19(4): 377-382.

[73] 冯健,张化光,伦淑娴,等. 输油管道泄漏监测与定位系统的研制[J]. 东北大学学报,2003,24(8):

　　　　731-734.

[74] 伦淑娴,张化光,冯健.基于神经网络的多传感器自适应滤波及其应用[J].东北大学学报,2003,
　　　　24(8):727-730.

[75] 伦淑娴,张化光,冯健.自适应模糊神经网络系统在管道泄漏检测中的应用[J].石油学报,2004,
　　　　25(4):13-16.

[76] 杨开林,郭宗周,汪勋,等.热力管网水力瞬变的现场实验研究[J].暖通空调,1995(1):15-18.

[77] 白莉,李洪升,贾旭,等.基于瞬变流和故障检测的管线泄漏监测试验分析[J].大连理工大学学报,
　　　　2005,45(1):9-12.

[78] 伍悦滨,刘天顺.基于瞬变反问题分析的给水管网漏失数值模拟[J].哈尔滨工业大学学报,2005,
　　　　37(11):1483-1485.

[79] 王通,阎祥安,李伟华.基于谐波分析的输油管道泄漏检测机理研究[J].化工自动化及仪表,2005,
　　　　32(1):51-54.

[80] 王通,阎祥安,李伟华,等.基于激励相应的输油管道泄漏检测技术研究[J].化工自动化及仪表,
　　　　2006,33(1):59-63.

[81] Beck S B M, Curren M D, Sims N D, et al. Pipeline network features and leak detection by cross-
　　　　correlation analysis of reflected waves[J]. Journal of Hydraulic Engineering,2005,131(8):715-723.

[82] 靳世久,唐秀家,王立宁,等.原油管道泄漏检测与定位[J].仪器仪表学报,1997,18(4):343-348.

[83] 靳世久,王立宁,李健.瞬态负压波结构模式识别原油管道泄漏检测技术[J].电子测量与仪器学
　　　　报,1998,12(1):59-64.

[84] 靳世久,唐秀家.原油管道漏点定位技术[J].石油学报,1998,19(3):93-97.

[85] Covas D, Ramos H, Almeida A B. Standing wave difference method for leak detection in pipeline
　　　　systems[J]. Journal of Hydraulic Engineering,2005,131(12):1106-1116.

[86] Mpesha W. Leak detection in pipes by frequency response method[D]. Ph. D thesis,Department of Civil
　　　　and Environmental Engineering,South Carolina,USA:University of South Carolina,1999.

[87] 杨开林.电站与泵站中的水力瞬变及调节[M].北京:中国水利水电出版社,2000.

[88] Pudar R S, Liggett J A. Leaks in pipe networks[J]. Journal of Hydraulic Engineering,1992,118(7):
　　　　1031-1046.

[89] Liggett J A, Chen L. Inverse transient analysis in pipe networks[J]. Journal of Hydraulic Engineering,
　　　　1994,120(8):934-955.

[90] Liou J C P, Tian J. leak detection: transient flow simulation approaches[J]. Journal of Energy Resources
　　　　Technology,1994,117(9):243-248.

[91] Nash G A, Karney B W. Efficient inverse transient analysis in series pipe systems[J]. Journal of
　　　　Hydraulic Engineering,1999,125(7):761-764.

[92] Brunone B. Transient test-based technique for leak detection in outfall pipes[J]. Journal of Water
　　　　Resources Planning and Management,1999,125(5):302-306.

[93] Verde C, Visairo N, Gentl S. Two leaks isolation in a pipeline by transient response[J]. Advances in
　　　　Water Resources,2007,30:1711-1721.

[94] Vitkovsky J P. Inverse analysis and modeling of unsteady pipe flow: Theory applications and experimental
　　　　verification[D]. Ph. D thesis, Department of Civil and Environmental Engineering, Adelaide, Australia:
　　　　University of Adelaide,2001.

[95] Vitkovsky J P, Liggett J A, Simpson A R, et al. Optimal measurement site locations for inverse transient
　　　　analysis in pipe networks[J]. Journal of Water Resources Planning and Management, 2003, 129(6):

480-492.

[96] Vitkovsky J P, Lambert M F, Simpson A R, et al. Experimental observation and analysis of inverse transients for pipeline leak detection[J]. Journal of Water Resources Planning and Management,2007, 133(6):519-530.

[97] Ferrante M, Brunone B, Meniconi S. Wavelets for the analysis of transient pressure signals for leak detection[J]. Journal of Hydraulic Engineering,2007,133(11):1274-1282.

[98] Chaudhry M H. Applied hydraulic transients[M]. New York:Van Nostrand Reinhold,1987.

[99] Liou J C P. Pipeline leak detection by impulse response extraction[J]. Journal Fluids Engineering,1998, 120:833-838.

[100] Ferrante M, Brunone B. Pipe system diagnosis and leak detection by unsteady-state tests. 1. Harmonic analysis[J]. Advances in Water Resources,2003,26:95-105.

[101] Ferrante M, Brunone B. Pipe system diagnosis and leak detection by unsteady-state tests. 2. Wavelet analysis[J]. Advances in Water Resources,2003,26:107-116.

[102] Taghvaei M, Beck S B M, Staszewski W J. Leak detection in pipelines using cepstrum analysis[J]. Measurement Science and Technology,2006,17(4):367-372.

[103] Mpesha W, Chaudhry M, Gassman S. Leak detection in pipes by frequency response method[J]. Journal of Hydraulic Engineering,2001,127(3):134-147.

[104] Mpesha W, Chaudhry M, Gassman S. Leak detection in pipes by frequency response method using a step excitation[J]. Journal of Hydraulic Research,2002,40(1):55-62.

[105] Lee P J, Vitkovsky J P, Lamber M F, et al. Frequency response coding for the location of leaks in single pipeline systems [C]. International Conference on Pumps, Electromechanical Devices and Systmes Applied to Urban Water Management,IAHR and IHR, Valencia, Spain:2003.

[106] Lee P J, Vitkovsky J P, Lamber M F, et al. Discussion of "leak detection in pipes by frequency response method using a step excitation by Witness Mpesha, M. Hanif Chaudhry, and Sarah L. Gassman"[J]. Journal of hydraulic Research,2002,40(1):55-66.

[107] Lee P J, Vitkovsky J P, Lamber M F, et al. Leak location using the pattern of the frequency response diagram in pipelines: a numerical study[J]. Journal of Sound and Vibration,2005,283(4):1051-1073.

[108] Pedro J L, Vitkovsky J P, Lambert M F. Frequency domain analysis for detecting pipeline leaks[J]. Journal of Hydraulic Engineering,2005,131(7):601-604.

[109] Lee P J, Vitkovsky J P, Lamber M F, et al. Detecting pipeline leaks using the frequency response diagram [J]. Journal of Hydraulic Engineering,2005,131(7):596-604.

[110] Lee P J, Lamber M F, Simpson A R, et al. Experimental verification of the frequency response method for pipeline leak detection[J]. Journal of Hydraulic Research,2006,44(5):693-707.

[111] Wang X J, Lambert M F, Simpson A R, et al. Leak detection in pipeline systems using the damping of fluid transients[J]. Journal of Hydraulic Engineering,2002,128(7):697-711.

[112] Wang X J, Lambert M F, Simpson A R. Detection and location of a partial blockage in a pipeline using damping of fluid transients[J]. Journal of Water Resources Planning and Management,2005,131(2): 244-249.

[113] Sang H K. Extensive development of leak detection algorithm by lmpulse response method[J]. Journal of Hydraulic Engineering,2005,131(3):201-208.

[114] Sattar A M, Chaudhry M H, Kassem A A. Partial blockage detecion in pipelines by frequency response method[J]. Journal of Hydraulic Engineering,2008,134(1):76-82.

［115］Covas D,Ramos H. Hydraulic transients used for leak detection in water distribution systems［C］. 4th Int. Conf. on Water Pipeline Systems,BHR Group,York,U. K. :227-241,2001.

［116］Vitkovsky J P,Simpson A R,Lambert M F. Leak detection and calibration using transients and genetic algorithms［J］. Journal of Water Resources Planning and Management,2000,126(4):262-265.

［117］Nixon W,Ghidaoui M S. Numerical sensitivity study of unsteady friction in simple systems with external flows［J］. Journal of Hydraulic Engineering,2007,133(7):736-749.

［118］Nixon W,Ghidaoui M S,Kolyshkin A A. Range of validity of the transient damping leakage detection method［J］. Journal of Hydraulic Engineering,2006,132(9):944-957.

［119］Wylie E B,Streeter V L. Fluid transients in systems［M］. Prentice-Hall,Englewood Cltiffs,N J,1993.

［120］Vitkovsky J P,Bergant A,Simpson A R,et al. Systematic evaluation of one-dimensional unsteady friction models in simple pipelines［J］. Journal of Hydraulic Engineering,2006,132(7):696-708.

［121］Bergant A,Simpson A R. Estimating unsteady friction in transient cavitating pipe flow［C］. BHRA Group Conf:Edinbrugh,Uk,1994.

［122］Bergant A,Simpson A R,Vitkovsky J. Developments in unsteady pipe flow friction modeling［J］. Journal of Hydraulic Research,2001,39:249-257.

［123］Zielke W. Frequency-dependent friction in transient pipe flow［J］. Journal of Basic Engineering,1969,90:109-115.

［124］Vardy A E,Brown J M B. Transient,turbulent,smooth pipe friction［J］. Journal of Hydraulic Research,1995,33(4):435-456.

［125］Vardy A E,Brown J M B. Transient turbulent friction in smooth pipe flows［J］. Journal of Sound and Vibration,2003,259(5):1011-1036.

［126］Ghidaoui M S,Mansour S. Efficient treatment of Vardy-Brown unsteady shear in pipe transients［J］. Journal of Hydraulic Engineering,2002,128(1):102-112.

［127］Brunone B,Golia U M,Greco M. Effects of two-dimensionality on pipe transients modeling［J］. Journal of Hydraulic Engineering,1995,121:906-912.

［128］Brunone B,Karney B W,Mecarelli,et al. Velocity profiles and unsteady pipe friction in transient flow［J］. Journal of Water Resources Planning and Management,2000,126(4):236-244.

［129］Wylie E B. Frictional effects in unsteady turbulent pipe flows［J］. Applied Mechanics Reviews,1997,50(11):241-244.

［130］Pezzinga G. Evaluation of unsteady flow resistances by quasi-2D or 1D models［J］. Journal of Hydraulic Engineering,2000,126(10):778-785.

［131］Axworthy D H,Ghidaoui M S,Mclnnis D A. Extended thermodynamics derivation of energy dissipation in unsteady pipe flow［J］. Journal of Hydraulic Engineering,2000,126(4):276-287.

［132］郭新蕾,郭永鑫. 管道泄漏检测中瞬变流非恒定摩阻模型的研究［J］. 水力发电学报,2008,27(1):42-47.

［133］于永海,索丽生. 有压瞬变流反问题研究综述［J］. 水利水电科技进展,2000,20(5):17-22.

［134］肖庭延,于慎根,王彦飞. 反问题的数值解法［M］. 北京:科学出版社,2006.

［135］Kapelan Z S,Savic D A,Walters G A. A hybrid inverse transient model for leakage detection and roughness calibration in pipe networks［J］. Journal of hydraulic Research,2003,41(5):481-492.

［136］白丹. 泵站加压输水管网的优化［J］. 西安理工大学学报,1996,12(4):348-350.

［137］白丹. 重力单水源环装管网优化设计的遗传－线性规划算法［J］. 水利学报,2005,36(3):378-382.

[138] 周荣敏,林性粹.应用单亲遗传算法进行树状管网优化布置[J].水利学报,2001(6):13-18.

[139] 畅建霞,黄强,王义民.基于改进遗传算法的水电站水库优化调度[J].水力发电学报,2001(3):85-90.

[140] Robin W,Mohd S. Evaluation of genetic algorithms for optimal reservoir system operation[J]. Journal of Water Resources Planning and Management,1999,125(1):25-33.

[141] 卢庱,田富强,胡和平,等.基于遗传算法和 GIS 技术的灌溉决策支持系统[J].水利水电技术,2002,33(7):27-30.

[142] 周正武,丁同梅,田毅红,等.Matlab 遗传算法优化工具箱(GAOT)的研究与应用[J].机械研究与应用,2006,19(6):69-71.

[143] 飞思科技产品研发中心.Matlab 6.5 辅助优化计算与设计[M].北京:电子工业出版社,2003.

[144] 玄光男,程润伟.遗传算法与工程优化[M].北京:清华大学出版社,2004.

[145] 李霞.城市供水管网漏损定位及控制研究[D].天津大学博士学位论文,2006.

[146] 周明,孙树栋.遗传算法原理及应用[M].北京:国防工业出版社,1999.

[147] 李天昀,葛临东.综述 Matlab 与 VC++ 的交互编程[J].计算机仿真,2004(9):193-196.

[148] 董维国.深入浅出 Matlab 7.X 混合编程[M].北京:机械工业出版社,2006.

[149] 刘志俭.Matlab 应用程序接口用户指南[M].北京:科学出版社,2001.

[150] Suo L S,Wylie E B. Impulse response method for frequency-dependent pipeline transients[J]. Journal of Fluids Engineering,1989,114(4):478-483.

[151] 万五一,胡云进,李玉柱.局部水头损失对流体瞬变的影响及其数值模拟[J].浙江大学学报(工学版),2007,41(7):1148-1153.

[152] 贺益英,赵懿君,孙淑卿.弯管局部阻力系数的试验研究[J].水利学报,2003,34(11):54-58.

[153] 吴荔清,郑杰.输油管道泄漏检测信号的自适应滤波处理[J].遥测遥控,2001,22(4):48-51.

[154] 夏海波,张来斌,王朝晖.管道泄漏检测方法[J].传感器技术,2002,21(11):36-38.

[155] 朱爱华,靳世久,曾周末.卡尔曼滤波在管道泄漏检测中的应用[J].化工自动化及仪表,2005,32(5):57-60.

[156] 马野,王孝通,戴耀.基于模糊神经网络的自适应滤波方法仿真研究[J].系统仿真学报,2005,17(10):2447-2449.

[157] 李斌,何日耀.小波神经网络阈值自学习在信号去噪中的应用[J].中国测试技术,2006,32(2):111-113.

[158] 石立华,陈彬,周璧华,等.测量系统小波与神经网络联合去噪研究[J].计量学报,2002,23(1):52-56.

[159] 郭新蕾,杨开林,郭永鑫.泄漏检测信号滤波技术比较[J].水利水电科技进展,2007,27(6):94-98.

[160] 高清维,李海鹰,庄镇泉,等.基于平稳小波变换的心电信号噪声消除方法[J].电子学报,2003,31(2):1-3.

[161] 李士心,刘鲁源,杨晔,等.基于平稳小波变换的陀螺仪去噪方法[J].天津大学学报,2003,36(2):165-168.

[162] 梁武科,张彦宁,贾嵘,等.小波分析在水力发电机组振动信号去噪中的应用[J].中国农村水利水电,2003(6):8-10.

[163] 刘清坤,阙沛文,宋寿鹏.基于小波分析的海底石油管道缺陷超声检测信号的去噪处理[J].传感技术学报,2004(4):580-582.

[164] 杨其俊,裴峻峰,孙辉.小波消噪及其在往复泵振动监测信号处理中的应用[J].振动与冲击,

2000,19(2).

[165] 王海,郑莉嫒.水轮发电机组故障信号检测及小波去噪研究[J].水利水电技术,2002,33(9): 30-33.

[166] Mallat S,Hwang W L. Singularity detection and processing with wavelets[J]. IEEE trans on information theory,1992,38(2):617-643.

[167] Taswell C. The what,how,and why of wavelet shrinkage denoising[J]. IEEE Computational Science and Engineering,2003,3(2):12-19.

[168] Quan P,Lei Z,Jinli M. 小波去噪与工程应用[M]. 北京:清华大学出版社,2005.

[169] Donoho D L,Johnstone I. Ideal spatial adapation via wavelet shrinkage[J]. Biometrika,1994,81(3): 425-455.

[170] Donoho D L,Johnstone I. Adapting to unknown smoothness via wavelet shrinkage[J]. Journal of the American Statistical Association,1995,90(432):1200-1224.

[171] Qingwei G,Zhaoqi S,Zhuoliang C. Denoising of raman spectrum signal based on stationary wavelet transform[J]. Chinese Optics Letters,2004,2(2):113-115.

[172] 付炜,许山川.一种改进的小波域去噪算法[J].计算机工程与应用,2006,42(11):80-84.

[173] Shark L K,Yu C. Denoising by optimal fuzzy thresholding in wavelet domain[J]. IEEE Electronics letters,2000,36(6):581-582.

[174] 赵瑞珍,宋国乡.一种基于小波变换的白噪声消噪方法的改进[J].2000,27(5):619-622.

[175] 刘杰,朱启兵,李允公,等.基于新阈值函数的二进小波变换信号去噪研究[J].东北大学学报, 2006,27:536-539.

[176] 王济,胡晓.Matlab 在振动信号处理中的应用[M].北京:中国水利水电出版社,2006.

[177] 蔡均猛,易维明,何芳,等.基于离散平稳小波变换的原油触变特性研究[J].水动力学研究与进 展,2005,20(6):683-688.

[178] 邹鲲,袁俊泉,龚享铱.Matlab 6. x 信号处理[M].北京:清华大学出版社,2002.

[179] 张秀艳,王秀芳,王庆蒙,等.基于 RBF 神经网络的非线性滤波研究[J].仪器仪表学报,2003, 24(4):521-526.

[180] 王守觉,李兆洲,王柏南,等.用前馈神经网络进行带噪声信号的去噪声建模[J].电路与系统学 报,2000,5(4):21-26.

[181] 苏高利,邓芳萍.论基于 Matlab 语言的 BP 神经网络的改进算法[J].科技通报,2003,19(2): 130-135.